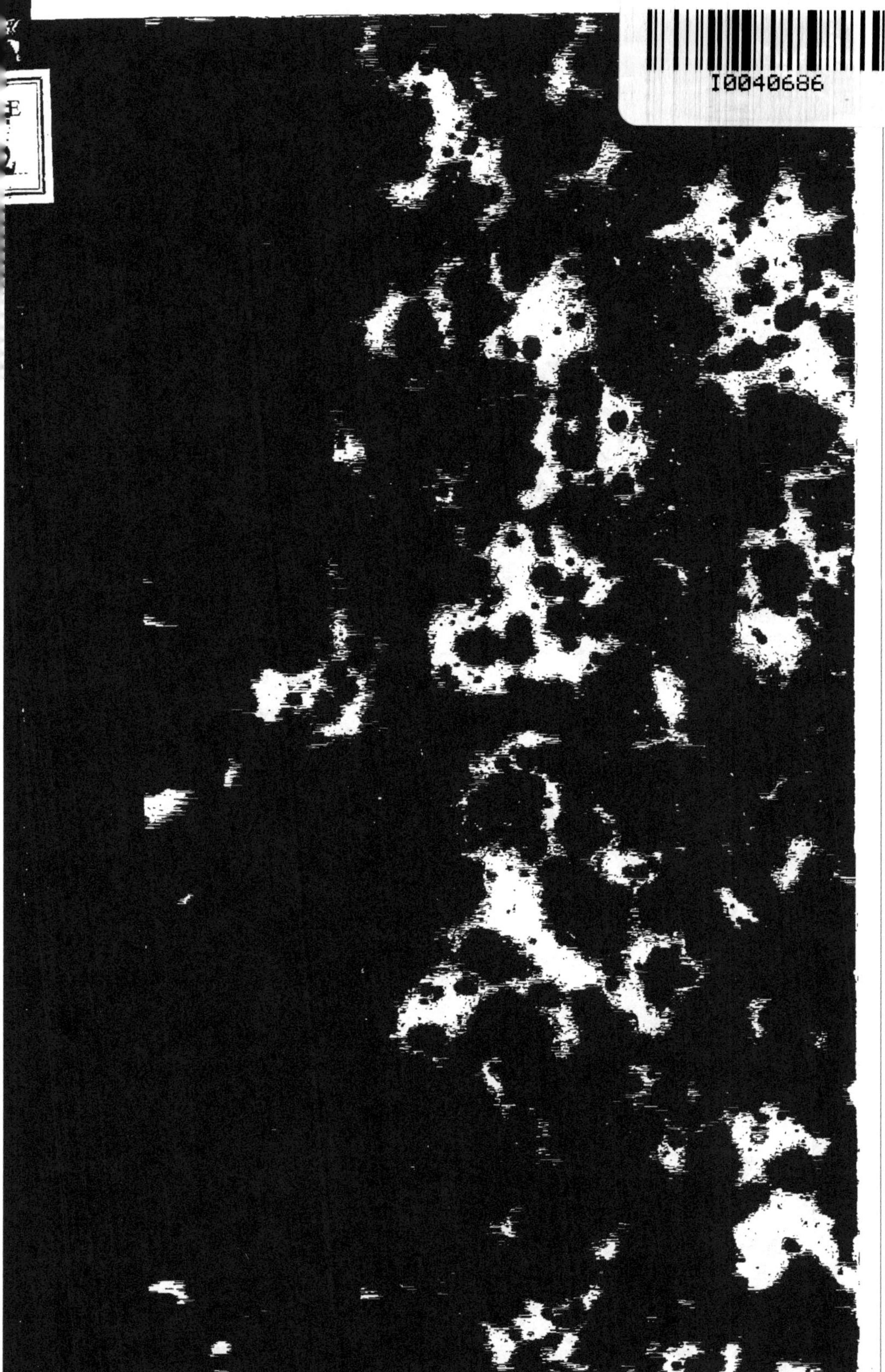

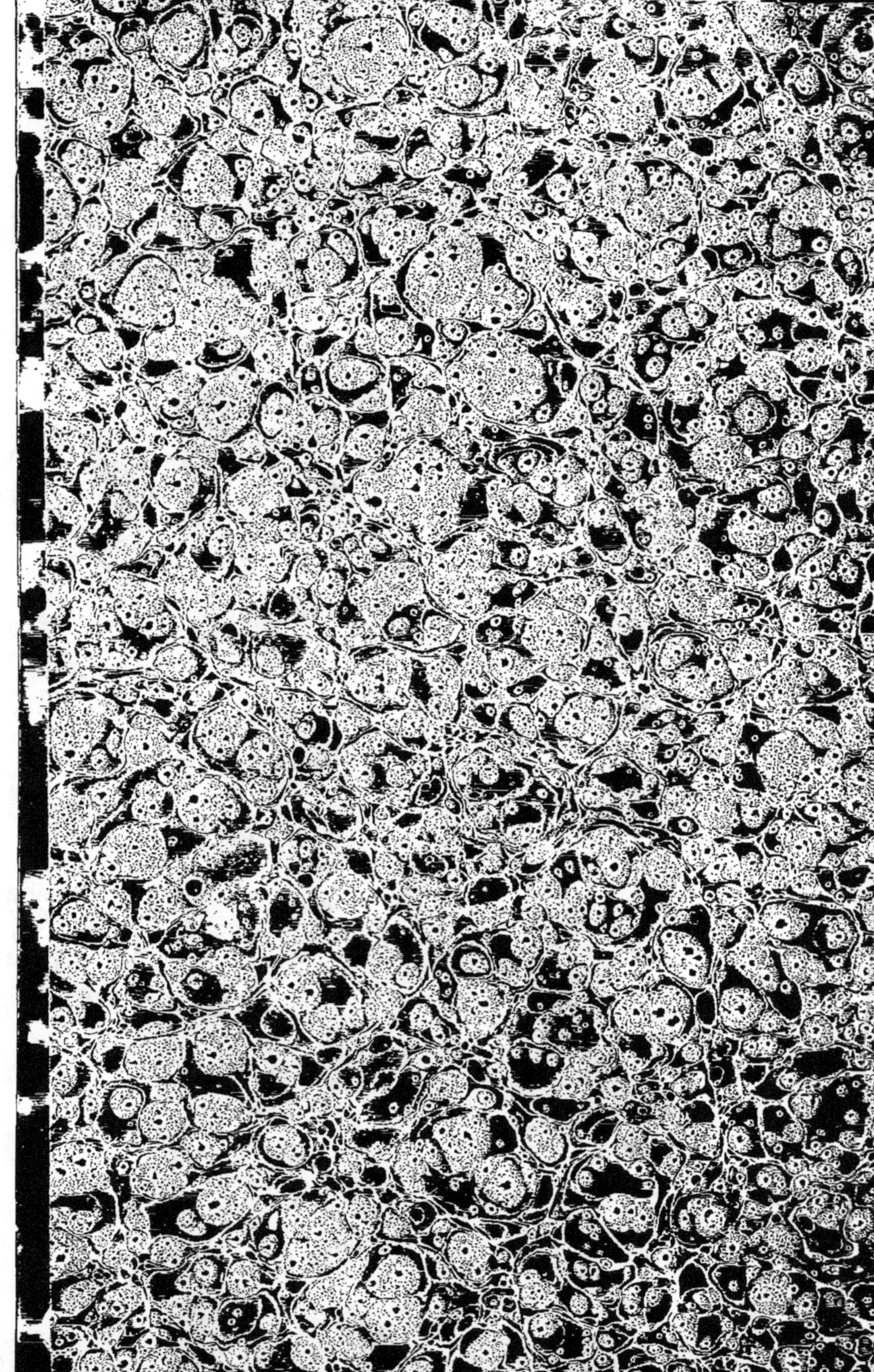

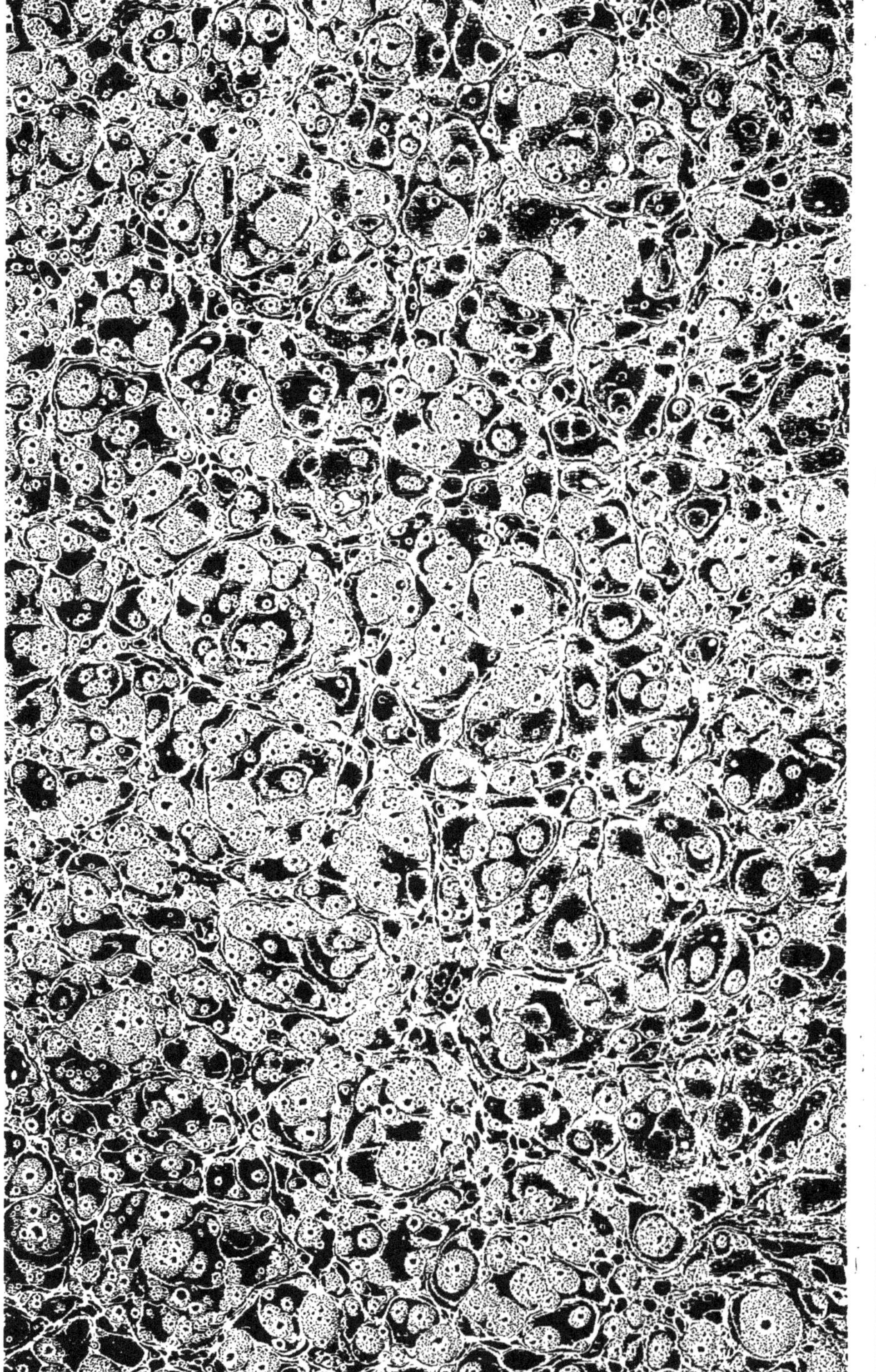

ÉLÉMENS
DE LA
TENUE DES LIVRES
EN PARTIE DOUBLE.

ÉLÉMENS
DE LA
TENUE DES LIVRES
EN PARTIE DOUBLE,

OU

MÉTHODE ABRÉGÉE pour apprendre, en peu de tems, et sans Maître, cette science importante, renfermant les modèles du Brouillard, du Journal, du Grand-Livre; la manière d'établir la Comptabilité; de faire un Inventaire; la Balance des Comptes; l'exposition et la démonstration des principes généraux; leur application; diverses observations sur les Livres, et contenant les écritures et opérations du Commerce de Terre, de Mer et de Banque; les Comptes en participation, etc.

PAR N. M. GARNIER, (de Langres,)

Instituteur, Bachelier ès-sciences et ès-lettres dans l'Université Impériale, membre de l'Athénée des Arts, directeur du Musée Commercial, auteur du Tableau Synoptique, à l'usage des Banquiers et des Négocians, du Tableau de Comparaison et du Barême Décimal, professeur de la Tenue des Livres, d'Arithmétique, Changes étrangers, Arbitrages, Opérations de Banque, Calculs commerciaux, etc.

A PARIS,
Chez l'AUTEUR, rue neuve des Bons-Enfans, n°. 35, passage et maison Radziville, près le Palais-Royal;
Et chez les principaux Libraires.

1809.

L'auteur donne chez lui, et en ville, des Leçons d'Arithmétique Commerciale, de Changes Etrangers, Arbitrages, et Tenue des Livres à parties simples et à parties doubles, de Langue Française, Latine et Grecque.

Nota. On trouve aussi chez l'auteur, 1°. Le TABLEAU SYNOPTIQUE à l'usage des Banquiers et des Négociants; 2°. le TABLEAU de COMPARAISON pour les nouveaux Poids et Mesures; 3°. le BARÊME DÉCIMAL; 4°. les ELÉMENTS de l'ARITHMÉTIQUE DÉCIMALE, démontrée par des applications au Commerce, à la Banque et à la Finance.

Le sieur LECHARD, élève de Roland, Membre de l'ancien Bureau Académique, enseigne, chez l'Auteur, les divers genres d'Ecritures; il est auteur de plusieurs ouvrages, et inventeur de l'Ecriture Cursive, adoptée dans les Comptoirs, dans les Bureaux et Administrations, &c.

AVIS.

L'AUTEUR, Editeur de cet ouvrage, déclare que, pour en éviter la contre-façon, il en signera tous les exemplaires, et qu'en ayant remis deux à la Bibliothèque Impériale, il poursuivra les Contrefacteurs; conformément à la loi; se réservant la propriété exclusive de son ouvrage; et il met cette édition sous la sauvegarde des bons citoyens.

Les lois lui assurant cette propriété, il traduira devant les Tribunaux tout Contrefacteur ou Débiteur d'édition contrefaite, et récompensera généreusement les personnes qui voudront bien les lui faire connoître.

Un des principaux mérites d'un ouvrage sur la Contabilité consiste dans l'exactitude des opérations, la vérité et la correction du texte. Les éditions non revues par les auteurs, sont toujours fautives. C'est donc pour éviter toute surprise qu'il ne sera pas délivré d'exemplaire qui ne soit signé de l'Auteur. *Garnier*

Observation essentielle sur la manière dont on doit se servir de cette Méthode.

Pour chaque article du Brouillard, il faut consulter le Journal et les Notes explicatives sous le même numéro, afin de s'exercer et de s'instruire soi-même. On continuera cet exercice, jusqu'à ce que l'on puisse, sans ce secours, trouver le Débiteur et le Créditeur sur le Brouillard seul.

Nota. La table analytique qui est à la fin, indique les affaires ou opérations de Commerce et de Banque, représentées par chaque numéro sous lequel on les retrouve au Brouillard, au Journal et dans la Méthode théorique et pratique, ce qui facilitera les recherches et servira d'instruction.

ÉLÉMENS
DE LA
TENUE DES LIVRES
EN PARTIE DOUBLE.

LES Négocians, les Marchands et les Banquiers ayant besoin de présenter leurs affaires avec le plus grand ordre, pratiquent la science de tenir les livres dont l'objet est de former des comptes, afin d'en connoître en tout tems l'état, et conséquemment leur propre situation. Ces comptes ont pour principe la charge et la décharge des sujets pour lesquels ils ont été établis.

Tous les comptes dont on se sert, se forment pour trois sortes de sujets, qui sont : 1°. le Chef ou le Négociant lui-même ; 2°. les effets en nature ; 3°. les Correspondans, ou personnes avec qui l'on trafique.

Ces comptes se réduisent en trois classes ; la première est composée des comptes du chef, ils n'expriment, par leurs titres, aucun effet, ni aucune personne, et sont : capital, profits et pertes, dépenses, provisions, assurances.

La seconde classe renferme les comptes des effets réels ou effectifs qui sont de quatre sortes ; 1°. Argent comptant qui n'a que la caisse ; 2°. Marchandises qui se divisent en Marchandises, entre nos mains, pour notre compte ; Marchandises entre les mains d'un autre, pour notre compte ; Marchandises entre nos mains, pour compte d'un autre ; Marchandises en société avec quelqu'un ; 3°. Effets en papier, lettres et billets de change, promesses, obligations, &c., enfin tous effets à recevoir, contrats de rente, argent donné à la grosse, traites et remises, lettres et billets à payer ; 4°. Effets particuliers comme vaisseaux, maisons et terres, meubles, intérêts dans les compagnies, foires ou paiemens.

La troisième classe de comptes, comprend ceux des correspondans ou des personnes avec qui l'on négocie ; on peut leur donner des comptes de plusieurs sortes selon les affaires, et ils peuvent être réduits aux suivans : un compte commun pour les affaires réciproques ; un compte courant pour leurs affaires particulières ; un compte courant pour nos affaires particulières ; un compte des affaires en société ; un compte de divers menus Débiteurs ; un compte de divers menus Créanciers.

Les comptes s'appliquent ordinairement à trois sortes d'affaires ; 1°. à la Banque ; 2°. aux Marchandises ; 3°. aux Finances. Chacune de ces affaires peut être faites en trois manières : 1°. pour soi-même ou en particulier ; 2°. pour compte d'autrui ou en commission ; 3°. en compagnie ou en société.

On distingue trois sortes d'actions : 1°. recevoir ; 2°. fournir ; 3°. changer.

Il y a trois sortes de Négociations ; 1°. acheter ; 2°. vendre ; 3°. échanger ou troquer. On emploie trois sortes d'effets pour les Négociations : 1°. de l'argent comptant ; 2°. des Marchandises ; 3°. des lettres de change, billets ou promesses. Les Négociations se font de trois manières : 1°. au comptant ; 2°. à terme ; 3°. en échange ou troc.

On forme des comptes pour trois sortes de sujets ; pour le chef, pour les correspondans et pour les effets en nature ; on en tire trois connoissances : 1°. de nos Débiteurs, pour leur faire payer dans le tems de l'échéance les articles qu'ils doivent ; 2°. de nos Créanciers, pour les payer dans le tems de l'échéance des articles qui leur sont dûs ; 3°. des effets qui sont entrés et sortis, de ceux qui restent en nature, et du profit et de la perte que l'on y a faits.

On considère trois choses dans chaque compte : 1°. le sujet pour qui il a été formé ; 2°. le débit pour connoître ce qu'on a fourni à ce sujet, ou bien ce qu'on lui a payé pour ce qu'on lui devoit ; 3°. le crédit, pour voir ce qu'on en a reçu, ou bien ce qu'il nous a payé sur ce qu'il nous devoit. Les comptes peuvent finir de trois manières ; 1°. avec profit ; 2°. avec perte ; 3°. sans profit ni perte.

Chaque article de la partie double indique un Débiteur et un Créditeur, et présente en même tems la cause et l'effet ; d'où nous tirons le principe général : *le compte qui reçoit doit à celui qui donne* ; ce qui s'applique aux personnes ou aux choses. On peut encore dire que celui qui doit, reçoit, ou a reçu, est Debiteur ; on en porte le montant à la charge de son compte ; celui à qui il est dû, qui paye, ou a payé, est Créancier ; on en porte le montant à la décharge de son compte. Pour les comptes des effets en nature, on débite le compte de l'objet que l'on reçoit ou ce qui entre ; et on crédite le compte ouvert à l'effet que l'on donne ou ce qui sort ; ce principe sert à faire connoître l'entrée et la sortie de tous les effets en nature.

Nous allons présenter, dans un Brouillard, diverses propositions ou questions qui serviront de démonstration et de développement au principe général que nous venons d'établir. Nous mettrons un numéro à chaque article du Brouillard, il sera le même au Journal, afin que l'on puisse s'exercer et apprendre seul, la manière de bien passer les articles du Brouillard au Journal, en consultant, au même numéro, la méthode théorique et pratique qui se trouve à la fin.

BROUILLARD, *Fol.* 1.

Commencé, à Paris, le 1 . *Janvier* 1808.

(1) Inventaire général de tous mes Effets, savoir : *Actif*, consistant en Argent comptant, Lettres et Billets à recevoir, Marchandises, suivant la Reconnoissance que j'en ai faite ce jour ; savoir :		
Argent comptant ;		
Pour autant que j'ai en espèces, suivant le Bordereau de Caisse de ce jour, montant à		fr 80000
Lettres et Billets à recevoir ;		
Pour les Lettres et Billets de Change en portefeuille, savoir :		
Une remise de Laroque, de Bordeaux, en Traite de Morin sur Leroux, du 20 passé, au 1er. prochain, de	4600	
D°. de Besson, de Lyon, en Traite de Raoul, à son ordre sur Berteaux, du 20 passé, au 1er. prochain, de	6800	11400
Marchandises générales ; pour celles en Magasin ; savoir :		
40 pièces Mouchoirs des Indes, revenant, suivant le Livre de Facture,		

Fol. 2.

f°. 5, à	2800.	fr.
12 pièces drap de Hollande, revenant à	9600	12400
Passif ; Lettres et Billets à payer, savoir : mon Acceptation, ordre de Durieu, Traite de Jobert, du 30 passé, à un mois, de	2000	
Idem de Bastil, de Cadix, ordre de Pillette, du 30 passé, à un mois . .	3600	5600
Du 1er. *D°.*		
(2) Acheté comptant de Belmont, 10 Bariques de sucre, pesant net 15000 *liv.*, à 150 fr. le o/o . . .		22500
Du 3 *D°.*		
(3) Acheté à 3 mois de Stor, 10 Bariques de vin Mâcon, 1ère. qualité, à 160 fr. la Barique		1600
Du 6 *D°.*		
(4) Vendu comptant, à Lemoine, 10 Bariques de Sucre, pesant net 15000 *liv.*, à 160 fr. le o/o. . . .		24000
Du 8 *D°.*		
(5) Vendu, à 3 mois, à Godson, 10 Bariques de vin de Mâcon, 1ère. qualité, à 180 fr. la Barique . . .		1800
Du 10 *D°.*		
(6) Reçu en espèces de Sollet.		600

Du 12 Janvier 1808. Fol. 3.	
(7) Reçu, en Espèces, de Jolly, pour compte de Froger, de Rouen.	fr. 300
Du 14 D°.	
(8) Compté, à Leblanc, pour solde	200
Du 16 D°.	
(9) Compté, à Tourlet, pour compte de Fournier.	400
Du 17 D°.	
(10) Ernest, de Bordeaux, a compté pour m/c, à Hacot, de Lyon.	800
Du 18 D°.	
(11) Hacot, de Lyon, a payé p. m/c. à Bovard, de Marseille.	12000
Du 19 D°.	
(12) Bovard, de Marseille, a payé p. m/c. à Ernest, de Bordeaux.	12000
Du 20 D°.	
(13) J'ai tiré sur Laurin, de Rouen, à l'ordre de Jouy, du 20 courant, à 3 usances, et j'ai négocié ladite Traite, au pair. . . .	6000
Du 21 D°.	
(14) J'ai tiré sur Laurin, de	

Fol. 4.

Rouen, pour compte de Jourdan, de Lyon, à l'ordre de Jouy, du 21 courant, à 3 usances, et j'ai négocié ladite Traite, au pair	fr. 5000
Du 22 D°.	
(15) J'ai accepté une Traite, de Laurin, de Rouen, à l'ordre de Ricard, sur moi, du 1er. passé, à 30 jours de date	6000
Du 23 D°.	
(16) J'ai accepté une Traite, de Laurin, de Rouen, sur moi pour compte de Jourdan, de Lyon, du 1er. passé, à 30 jours de date .	5000
Du 24 D°.	
(17) Remis, à Leblond, de Marseille, 7400 fr. en Traite, de Chauvin, à mon ordre, sur Dubray, de ce jour, à 15 jours de date, et j'ai acheté ladite Traite, au pair.	7400
Du 25 D°.	
(18) Remis à Jourdan, de Lyon, 3600 fr. en Traite de Poujin, pour compte de Coulon, de Bordeaux, sur Roblot, de Lyon, de ce jour, à 15 jours de date ; à mon ordre, et	

Fol. 5.	fr.
j'ai acheté ladite Traite au pair . .	3600
Du 26 Janvier.	
(19) J'ai reçu une remise de Germain, de Bayonne, en Traite, de Guibert, sur Girardin, à son ordre, du 20 courant, à 10 jours de date .	4500
Du 27 D°.	
(20) J'ai reçu une Remise de Gaudry, de Bordeaux, pour compte de Germain, de Bayonne, en Traite, de Gardera, de Bordeaux, à son ordre, sur Couton, du 15 courant, à 15 jours de date	5600
Du 28 D°.	
(21) J'ai acheté de Gauthier, moitié comptant, motié en mon Effet à usance, 20 Bariques Café, pesant net 16000 *liv.*, à 1 fr. 50 c. .	24000
Du 29 D°.	
(22) J'ai vendu à Degosse, payable un tiers au comptant et les deux tiers en son effet à usance, 20 Bariques Café, pesant net 16000 *liv.*, à 2 francs 25 centimes, la livre.	36000

Fol. 6.		fr.
Du 30 *Janvier.*		
(23) Vendu comptant à Rouvierre, 12 pièces draps de Hollande, . .		11400
Du 2 *Février.*		
(24) Encaissé une Remise de Laroque, de Bordeaux, en Traite de Morin, sur le Roux, du 20 Décembre, échu le 1er. Courant, ...		4600
Du 2 *D°.*		
(25) Acquitté les effets ci-après ; savoir :		
Une Traite de Jobert, ordre de Durieu, du 30 Décembre, à un mois.	2000	
D°. de Bastil, de Cadix, ordre de Pillette, du 30 Décembre, à un mois	3600	5600
2 *D°.*		
(26) Encaissé une Remise, de Besson, de Lyon, en Traite de Raoul, à son ordre sur Bertaux, du 20 Décembre, échu le 1er. courant		6800
D°.		
(27) J'ai acquitté la Traite, de Laurin, de Rouen, à l'ordre de		

Fol. 7.

	fr.
Ricard, sur moi, du 1er. passé, à 30 jours de date	6000
D°.	
(28) J'ai acquitté la Traite de Laurin, de Rouen, sur moi, pour compte de Jourdan, de Lyon, du 1er. passé, à 30 jours de date . . .	5000
D°.	
(29) Encaissé une Remise, de Germain, de Bayonne, en Traite de Guibert, sur Girardin, à son ordre, du 20 passé, à 10 jours de date	4500
D°.	
(30) Encaissé une Remise, de Gaudry, de Bordeaux, pour compte de Germain, de Bayonne, en Traite, de Gardera, de Bordeaux, à son ordre, sur Couton, du 15 passé, à 15 jours de date	5600
Du 4 D°.	
(31) Acheté comptant de Gosselin, les Marchandises suivantes : savoir :	
50 pièces de vin de Bourgogne,	

Fol. 8.		fr.
à 200 fr. la pièce	10000	
12 Balles laine, Vigogne, pesant net 4800 *liv.* à 5 fr.	24000	
10 Bariques Sucre, pesant net 10000 *liv.* à 150 fr. le o/o . . .	15000	49000
Du 10 *Février* 1808.		
(32) Vendu comptant à Ravenat, les Marchandises suivantes: savoir;		
50 pièces de vin de Bourgogne, à 210 fr. la pièce.	10500	
12 Balles, Laine, Vigogne, pesant net 4800 *liv.* à 5 fr. 50 c. la livre.	26400	
10 Bariques Sucre, pesant 10000 *liv.* à 160 fr. le o/o	16000	52900
Du 12 *D°.*		
(33) Acheté moitié comptant, moitié à trois mois, de Déprez, les Marchandises suivantes :		
10 Bariques Café, pesant net 8000 *liv.* à 2 fr. la livre. . . .	16000	
10 Bariques Sucre, pesant net 10 milliers à 1 fr. 50 c. la livre, .	15000	31000
Du 14 *D°.*		
(34) Escompté un effet de 10000 francs par Desforges, ordre		

Fol. 9.

	fr.
de Bocage, du 1er. courant, à 2 mois, à 2 pour o/o, perte	9800
Du 15 *Février.*	
(35) Négocié un effet de 10000 fr. par Desforges, ordre de Bocage, du 1er. courant, à 2 mois, à 2 pour o/o, perte	9800
Du 17 *D°.*	
(36) Reçu de Breton, pour prime d'assurance au montant de 20000 fr. de Marchandises, chargées sur le Navire, *la Julie,* en destination pour Hambourg, pour le compte de Brissot, suivant compte d'assurance de ce jour, à 10 pour o/o	2000
Du 18 *D°.*	
(37) Pris 4000 marcs, sur Hambourg, par Villeminot, sur Helman, à m/o de ce jour, à 3 usances, au change de 192 francs pour 100 marcs lubs.	7680
Du 25 *D°.*	
(38) Compté, depuis le 1er. jusqu'au	

Fol. 10.

	fr.
20 courant, pour frais et dépenses générales	12 00
Du 28 *Février.*	
(39) Compté, pour frais de ménage, depuis le premier jusqu'au 30 courant	3400
Du 5 *Mars.*	
(40) Durand, de Bayonne, a négocié 4000 marcs, pour m/c. dont le net produit s'élève à 8500, suivant sa lettre du 2 courant . . . . , ...	8500
Du 10 *D°.*	
(41) Compté, à Seguin, la somme de 25000 francs que nous lui avons donné à la grosse aventure, à raison de 30 pour o/o d'intérêt.	25000
Du 15 *D°.*	
(42) Compté, à Breton, la somme de 20000 francs dont je lui avois assuré le montant	20000
Du 20 *D°.*	
(43) Duperron, de Bordeaux,	

Fol. 11.	fr.
a acheté pour mon compte, 50 tonneaux de vin, montant, suivant compte d'achat du 12 courant, à	25000
Du 28 *Mars.*	
(44) Acheté comptant, de compte à demi, avec Debrie, 10000 piastres fortes d'Espagne à 5 fr. 25 c.	52500
Du 30 *D°.*	
(45) Vendu comptant, de compte à demi, avec Debrie, 10000 piastres fortes d'Espagne à 5 fr. 30 c.	53000
Du 1er. *Avril.*	
(46) Acheté comptant, de compte à demi, avec Debrie, 1000 souverains à 34 francs	34000
Du 3 *D°.*	
(47) Vendu comptant, de compte à demi, avec Debrie, 1000 souverains à 34 fr. 50 c.	34500
Du 5 *D°.*	
(48) Acheté comptant, de compte à tiers, avec Debrie et	

Fol. 12.

		fr.
Lemoine, 2000 ducats de Hollande, à 12 francs		24000
Du 8 Avril.		
(49) Reçu en espèces des suivans pour leur tiers, à l'achat de 2000 ducats de Hollande, savoir :		
De Debrie, pour son tiers. .	8000	
De Lemoine, pour idem. . .	8000	16000
Du 10 D°.		
(50) Vendu comptant, de compte à tiers, avec Debrie et Lemoine, 2000 ducats de Hollande, à 15 fr.		30000
Du 11 D°.		
(51) Compté aux suivans, en espèces, pour leur tiers, au net provenu de 2000 ducats de Hollande, savoir :		
à Debrie, pour son tiers . .	10000	
à Lemoine, pour son tiers . .	10000	20000
Du 12 D°.		
(52) Acheté comptant, de compte à quart, avec Debrie, Lemoine, et Perrier:		
1000 Souverains à 32 fr. .	32000	
1500 Guinées à 24 fr. . .	36000	68000

Fol. 13. fr

Du 14 *Avril.*

(53) Reçu en espèces des suivans; pour leur quart à l'achat de 1000 Souverains et de 15000 Guinées, savoir :

De Debrie, pour son quart. . . .	17000	
De Lemoine, pour idem. . .	17000	
De Perrier, pour idem. . .	17000	51000

Du 16 *D*o.

(54) Vendu comptant, de compte à quart, avec Debrie, Lemoine, et Perrier, 1000 Souverains, à 36 francs 36000

1500 Guinées à 25 francs .	37500	73500

Du 19 *D*o.

(55) Compté aux suivans, pour leur quart au net provenu de 1000 Souverains et 1500 Guinées, savoir :

à Debrie, pour son quart .	18375	
à Lemoine, pour idem . .	18375	
à Perrier, pour idem . .	18375	55125

Du 15 *Mai* 1808.

(56) Reçu de Seguin, pour capital et intérêts de 25000 fr. à lui

Fol. 14.

	fr.
donnés à la grosse aventure, le 10 Mars, la somme de	32500
Du 26 *Mai.*	
(57) Duperron, de Bordeaux, a vendu, pour mon compte, 50 touneaux de vin dont le net produit monte, suivant son compte de vente, à	30000
Du 1er. *Juin* 1808.	
(58) Vendu comptant, pour compte de Tollard, de Marseille, 10 Bariques café, pesant net 8000 *liv.*, à 2 fr. la livre, la commission à 2 pour o/o	16000
Du 6 *D*°.	
(59) Acheté comptant pour compte de Roger, de Bordeaux, 10 Bariques Sucre, pesant net 8000 *liv.*, à 2 fr. la livre, la commission à 2 pour o/o.	16000
Du 11 *D*°.	
(60) Fortin, de Bordeaux, a expédié pour mon compte, le navire *le Hope*, Capitaine Lapipe, en destination pour Amsterdam, à l'adresse	

Fol. 15.

		fr.
et consignation de Heiberg, chargé de vins, eaux de vie, etc., dont la cargaison monte, suivant compte d'armement, à		80000
Du 18 Juin.		
(61) Fortin, de Bordeaux, s'est prévalu, pour mon compte, sur Heiberg, d'Amsterdam, de 18000 florins courant, à 3 usances et dont le net preduit monte, suivant note de négocatiion, à		40000
Du 20 D°.		
(62) Remis à Fortin, de Bordeaux, en traites, comme suit, prises au pair, savoir :		
Traite de Durand, sur Cordier, à mon ordre, à 15 jours de date.	15000	
D°. de Favret, sur Thouret, à mon ordre, à 15 jours de date. .	20000	35000
Du 29 D°.		
(63) Négocié 18000 florins en mes traites sur Heiberg, à un mois, ordre de Duflot, au change de 54 deniers de gros pour 3 francs, dont le net produit s'élève à . .		40000

Fol. 16.	fr.
Du 10 *Juillet.*	
(64) Reçu de Buzanval, 13000 fr. pour compte de Delaunay, de Bordeaux.	13000
Du 20 *D°.*	
(65) Heibert, d'Amsterdam, a vendu, pour mon compte, la cargaison du Navire *le Hope*, capitaine Lapipe, dont le net produit monte, suivant compte de vente, à 45000 florins courans, le change à 54 deniers de gros pour 3 fr. . .	100000
Du 26 *D°.*	
(66) Delaunay, de Bordeaux, s'est prévalu, pour mon compte, sur Heiberg, de 6000 florins courans, dont le net produit s'élève, suivant note de négociation, à	13000
Du 30 *D°.*	
(67) J'ai tiré sur Delaunay, de Bordeaux, 6500 fr. ordre de Pinson, à 15 jours de date, à 1 p. 0/0 bénéfice, et dont le net produit est de	6565

Fol. 17.	fr.
Du 12 Août.	
(68) J'ai acheté comptant, de compte à demi, avec Perrier, 20 Bariques Café, pesant net 16000 liv. à 2 fr. la liv.	32000
Du 24 D°.	
(69) Perrier a vendu comptant 20 Bariques Café, pesant net 16000 liv., à 2 fr. 50 c. la liv. . .	40000
Du 28 D°.	
(70) Auger a acheté comptant, de compte à demi avec moi, 1000 Guinées, à 24 fr.	24000
Du 15 Septembre.	
(71) Auger a vendu comptant, de compte à demi avec moi, 1000 Guinées, à 24 fr, 50 c.	25000
Du 1er. Novembre.	
(72) Etat des profits qui se sont trouvés, savoir : sur Marchandises générales, pour autant que j'ai	

Fol. 18.	fr.	fr.
gagné cette année sur lesdites. .	1800	
Sur Escompte , pour mon bénéfice net sur les escomptes. .	65	
Sur Commission, pour le montant de celles que j'ai gagnées cette année.	640	
Sur change pour mon bénéfice sur les opérations de change .	820	
Sur sucre, pour mon bénéfice .	2500	
Sur Vins , pour idem. . .	700	
Sur Café pour idem. . . .	12000	
Sur Effets à la grosse, p. idem.	7500	
Sur Cargaison du Navire *le Hope*, pour idem.	20000	
Sur laine, pour idem. . . .	2400	
Auger, son compte à demi , pour ma moitié du bénéfice . .	500	
Duperron, de Bordeaux, mon compte, pour bénéfice. . . .	5000	53925
D°.		
(75) Etat des pertes que nous avons faites, cette année, savoir :		
Sur les assurances.	18000	
Dépenses générales.	1200	
Dépenses domestiques. . . .	3400	22600

Fol. 19. fr.

Du 1er. *Novembre.*

(74) Le profit net que j'ai fait cette année, s'élève à 39200

D°.

(75) Etat des Comptes qui restent ouverts sur le Grand-Livre, et qui sont Débiteurs ; pour solde, j'en débite Balance de sortie sur le Journal, et j'en crédite lesdits Comptes.

Il m'est dû ce qui suit :

Par Lettres et Billets à recevoir pour Effets restans en porte-feuille. 24000

Par Caisse, pour argent que nous y avons trouvé. . . . 160660

Par Marchandises générales, pour celles qui me restent en Magasin. 2800

Par Sucre, pour idem. . . 15000

Par Café, pour idem. . . 16000

Par Godson, pour la somme dont il reste Débiteur. . . . 1800

Par Leblanc, pour idem. . 200

Par Fournier, pour idem. 400

Par Ernest, pour idem. . 4000

Par Leblond, pour idem. . 7400

Par Coulon, de Bordeaux, pour idem. 5600

Fol. 20.		fr.
Par Durand, de Bayonne, pour idem.	8500	
Par Duperron, de Bordeaux pour idem.	5000	
Par Perrier, pour idem. .	36000	
Par Roger, pour idem. .	16320	
Par Heibert, d'Amsterdam, pour idem.	7000	
Par Auger, pour idem. . .	500	309180

Du 1er. *Novembre.*

(76) Etat de mon Capital, de mes dettres passives, des comptes qui sont restés Créditeurs, ce que j'ai connu par la balance que j'en ai faite sur mon Grand-Livre ; j'en crédite Balance de sortie en débitant lesdits comptes :

savoir :

Je doit à mon Capital, pour le net de mes effets actifs, pour mon Capital net.	237400	
A Lettres et Billets à payer, pour le montant de mes effets qui me restent à acquitter. . .	12000	
A Tollard, de Marseille, pour la somme dont il reste Créditeur.	15680	

Fol. 21.	fr.
A Stor, pour idem. 1600	
A Sollet, pour idem. . . . 600	
A Froger, de Rouen, pour idem. 300	
A Hacot, de Lyon idem. . . 4000	
A Germain, de Bayonne idem. 10100	
A Déprez, pour idem. . . . 15500	
A Debrie, pour idem. . . . 500	
A Fortin, de Bordeaux, pour id. 5000	
A Delaunay, de Bordeaux, pour idem. 6500	309180

Du 1er. Novembre.

(77) Inventaire, État ou Bilan général, tant des Marchandises, Effets en nature, &c., que de nos Dettes actives et passives :

ACTIF.

Effets particuliers.

Marchandises générales, pour le montant de celles en magasin. 2800

Sucre, pour idem. 15000

Café, pour idem. 16000

Caisse, pour fonds qui sont en Caisse, suivant le Bordereau qui en a été fait. 160660

Lettres et Billets à recevoir

Fol. 22.		fr.
pour les effets qui me restent en Porte-Feuille.	24000	
Débiteurs par Compte.		
Godson me doit pour solde. .	1800	
Leblanc, idem.	200	
Fournier, idem.	400	
Ernest, de Bordeaux. . . .	4000	
Leblond, de Marseille. . . .	7400	
Coulon, de Bordeaux. . . .	3600	
Durand, de Bayonne. . . .	8500	
Duperron, de Bordeaux. . .	5000	
Perrier.	36000	
Roger, de Bordeaux.	16320	
Heiberg, d'Amsterdam. . .	7000	
Auger.	500	
Total de l'Actif. . . .		509180
PASSIF.		
Créanciers par Compte.		
Tollard, de Marseille. . . .	15680	
Stor.	1600	
Sollet.	600	
Froger.	300	
Hacot, de Lyon.	4000	

Fol. 23.	fr.
Germain, de Bayonne. . . . 10100	
Déprez. 15500	
Debrie. 500	
Fortin, de Bordeaux. . . . 5000	
Delaunay, de Bordeaux. . . 6500	
Effets Passifs.	
Lettres et Billets à payer pour mes effets en circulation. 12000	
Total du Passif. . . .	71780

RÉSULTAT et BALANCE.

ACTIF.		PASSIF.	
Marchandises, .	33800 fr.	Effets à payer. . .	12000
Argent	160660	Créancs. par compte.	59780
Lettres à recevoir	24000	*Total passif.*	71780
Débits. par compte	90720	Partant mon capital net est de	237400
Total actif. . . .	309180	*Som. pareille à l'actif.*	309180

Certifié le présent Etat sincère et conforme à mes Livres.

Paris, le 1er. *Novembre* 1808.

JOURNAL

Commencé à Paris, le 1er. Janvier 1808.

fr.

(1) INVENTAIRE général de tous mes effets consistant en argent comptant, lettres et billets à recevoir, marchandises, suivant la reconnoissance que j'en ai faite ce jour;

4 DIVERS A CAPITAL 205800 fr.; pour le montant de mes effets, suivant l'inventaire de ce jour ;

savoir :

1 CAISSE 180000 fr. pour la somme que j'ai en espèces, suivant le bordereau de caisse de ce jour. . . 180000 fr.

2 LETTRES ET BILLETS A RECEVOIR 11400 fr. pour ceux que j'ai en Porte-Feuille,

savoir :

Une remise de Laroque, de Bordeaux, en traite de Morin sur Leroux, dû 20 passé, au 1er.

Fol. 2.

prochain, montant à 4600 fr. | fr.

D°. de Besson, de Lyon, en traite de Raoul, à son ordre sur Berteaux, du 20 passé, au

1 | 1er. prochain, de . . 6800 | 11400

1 | MARCes. GÉNÉes. 12400 fr., pour celles en magasin,

savoir :

40 pièces Mouchoirs des Indes, revenant, suivant le livre de facture, f°. 5, à . 2800

12 pièces de drap de Hollande, revenant à . . . . 9600 | 12400 | 203800

Du 1er. *Janvier.*

4/2 | CAPITAL A LETTRES ET BILLETS A PAYER 5600 fr.

Mon acceptation traite de Jobert, ordre de Durieu, du 30 passé, à un mois, . . . | 2000

Idem. de Bastil, de Cadix, ordre de Pillette, du 30 passé, à un mois. . . . . . . | 3600 | 5600

Du 1er. *D°.*

4/1 | (2) SUCRE, A CAISSE 22500 fr., acheté comptant, de Belmont, 10 Ba-

	Fol. 3.	fr.
	riques, pesant net 15000 *liv.* à 150 fr. le o/o.	22500
4/4	*Du* 3 *Janvier.* (5) VINS, A STOR 1600 fr., acheté dudit, à trois mois, 10 Bariques de vin Mâcon, 1ère. qualité, à 160 fr. le o/o.	1600
1/4	*Du* 6 *D°.* (4) CAISSE, A SUCRE 24000 fr., vendu comptant à Lemoine, 10 Bariques, Sucre de Hambourg, pesant net 15000 *liv.* à 160 fr. le o/o. . . .	24000
4/4	*Du* 8 *D°.* (5) GODSON, A VINS 1800 fr., vendu audit, à trois mois, 10 Bariques de vin de Mâcon, 1ère. qualité, à 180 fr. la Barique.	1800
1/4	*Du* 10 *D°.* (6) CAISSE, A SOLLET 600 fr., reçu dudit en espèces.	600
1/4	*Du* 12 *D°.* (7) CAISSE, A FROGER, de Rouen 300 fr., reçu en espèces de Jolly, pour compte dudit.	300

	Fol. 4.	fr
	Du 14 *Janvier.*	
4/1	(8) LEBLANC, A CAISSE 200 fr., compté audit pour solde.	200
	Du 16 *D°.*	
4/1	(9) FOURNIER, A CAISSE 400 fr., compté à Tourlet, pour compte dudit.	400
	Du 17 *D°.*	
5/5	(10) HACOT, DE LYON, à Ernest de Bordeaux 8000 fr., ledit Créditeur a compté audit Débiteur, pour mon compte.	8000
	Du 18 *D°.*	
5/5	(11) BOVARD, DE MARSEILLE, à Hacot de Lyon 12000 fr., ledit Créditeur a payé audit Débiteur, pour mon compte.	12000
	Du 19 *D°.*	
5/5	(12) ERNEST, DE BORDEAUX, à Bovard de Marseille 12000 fr., ledit Créditeur à compté audit Ernest, pour mon compte.	12000
	Du 20 *D°.*	
1/5	(13) CAISSE, A LAURIN, de	

	Fol. 5.	fr.
	Rouen 6000 fr., pour ma traite sur ledit, à l'ordre de Jouy, du 20 courant, à trois usances, négociée au pair.	6000
1/5	*Du* 21 *Janvier.*	
	(14) CAISSE, A JOURDAN, de Lyon 5000 fr., pour ma traite sur Laurin, de Rouen, pour compte dudit Créditeur, à l'ordre de Jouy, du 21 courant, à trois usances, négociée au pair.	5000
5/2	*Du* 22 *D°.*	
	(15) LAURIN, DE ROUEN, à Lettres et Billets à payer 6000 fr., pour l'acceptation d'une traite dudit, à l'ordre de Ricard, sur moi, du 1er., passé, à 30 jours de date.	6000
5/2	*Du* 23 *D°.*	
	(16) JOURDAN, DE LYON, à Lettres et Billets à payer 5000 fr., pour acceptation d'une traite de Laurin, de Rouen, sur moi, pour compte dudit Débiteur, du 1er. passé, à 30 jours de date.	5000

F°. 6. | fr.

Du 24 *Janvier* 1808.

5/1 (17) LEBLOND, DE MARSEILLE, à Caisse 7400 fr., pour ma remise audit, en traite de Chauvin, à mon ordre, sur Dubray, de ce jour, à 15 jours de date, et j'ai acheté ladite traite au pair. 7400

Du 25 *D°.*

5/1 (18) COULON, DE BORDEAUX, à Caisse 3600 fr., pour ma remise à Jourdan, de Lyon, pour compte dudit Débiteur en traite de Poujin, sur Roblot, de Lyon, de ce jour, à 15 jours de date, à mon ordre, et j'ai acheté ladite traite au pair. . . . 3600

Du 26 *D°.*

2/5 (19) LETTRES ET BILLETS A RECEVOIR à Germain, de Bayonne 4500 fr., pour sa remise en traite de Guibert sur Girardin, à son ordre, du 20 courant, à 10 jours de date. 4500

Du 27 *D°.*

2/5 (20) LETTRES ET BILLETS

F°. 7. fr.

A RECEVOIR à Germain, de Bayonne 5600 fr., pour la réception d'une remise de Gaudry, de Bordeaux, pour compte dudit Créditeur, en traite de Gardera, de Bordeaux, à son ordre, sur Couton, du 15 courant, à 15 jours de date. 5600

5 *Du 28 Janvier.*

(21) CAFÉ A DIVERS 24000 fr., j'ai acheté de Gauthier, moitié comptant, moitié en mon effet à usance, 20 Bariques Café, pesant net 16000 *liv*, à 1 fr. 50 cent., comme suit, savoir :

1 A Caisse 12000 fr., pour la moitié payée comptant. 12000

2 A Lettres et Billets à payer 12000 fr., pour l'autre moitié payée en mon effet à usance. 12000 24000

Du 29 D°.

5 (22) DIVERS A CAFÉ 36000 fr., vendu à Degosse, payable un tiers comptant et les deux tiers en son effet à usance, 20 Bariques Café, pesant net 16000 liv. à 2 fr. 25 cent, la livre, comme suit ;

F°. 8. | fr.

1 Caisse 12000 fr., pour le
— tiers reçu comptant. . . . 12000
2 Lettres et Billets à recevoir
— 24000 fr., pour les deux tiers
reçus en son effet, à usance. 24000 | 36000

Du 30 Janvier.

1 (23) CAISSE A MARC^ses^. GÉNÉ^les^.
— 11400 fr., vendu comptant à Rouvierre,
1 12 Pièces, Drap de Hollande. . . . | 11400

Du 2 Février.

1 (24) CAISSE A LETTRES ET BIL-
— LETS à recevoir 4600 fr., pour en-
2 caissement d'une remise de Laroque, de Bordeaux, en traite de Morin sur Leroux, du 20 Décembre, échue le 1er. courant. . . . . | 4600

Du 2 D°.

2 (25) LETTRES ET BILLETS
— à payer à Caisse 5600 fr., acquitté
1 une traite de Jobert, ordre de Durieu, du 30 Décembre, à un mois, montant à. 2000
Et une traite de Bastil,

	F°. 9.	fr.
	de Cadix, ordre de Pillette, du 30 Décembre, à un mois. 3600	5600
	Du 2 Février.	
1/2	(26) CAISSE A LETTRES ET BILLETS à recevoir 6800 fr., encaissé une remise de Besson, de Lyon, en traite de Raoul, à son ordre, sur Berteaux, du 20 Décembre, échue le 1er. courant.	6800
	D°.	
2/1	(27) LETTRES ET BILLETS à payer à Caisse 6000 fr., acquitté la traite de Laurin, de Rouen, à l'ordre de Ricard, sur moi, du 1er. passé, à 30 jours de date.	6000
	D°.	
2/1	(28) LETTRES ET BILLETS à payer à Caisse 5000 fr., acquitté la traite de Laurin, de Rouen, sur moi, pour compte de Jourdan, de Lyon, du 1er. passé, à 30 jours de date. .	5000
	D°.	
1/2	(29) CAISSE A LETTRES ET	

F°. 10.

fr.

BILLETS à recevoir 4500 fr., encaissé une remise de Germain, de Bayonne, en traite de Guibert sur Girardin, à son ordre, du 20 passé, à 10 jours de date. 4500

Du 4 Février.

1/2 (30) CAISSE A LETTRES ET BILLETS à recevoir 5600 fr., encaissé une remise de Gaudry, de Bordeaux, pour compte de Germain, de Bayonne, en traite de Gardera, de Bordeaux, à son ordre, sur Couton, du 15, passé à 15 jours de date. 5600

D°.

—/1 (31) DIVERS A CAISSE 49000 fr., acheté comptant de Gosselin, les Marchandises suivantes ; savoir :

4/— Vin 10000 fr., pour 50 pièces de Vin de Bourgogne, à 200 fr., la pièce. . . . 10000

7/— Laine 24000 fr., pour 12 Balles, Laine vigogne, pesant net 4800 liv., à 5 fr. la livre. 24000

—/4 Sucre 15000 fr., pour 10

F°. 11. fr.

Bariques, pesant net 10000 liv., à 150 fr. le o/o. . . . . 15000 | 49000

Du 10 *Février.*

1 (32) CAISSE A DIVERS 52900 fr., vendu comptant à Ravenat les Marchandises suivantes, savoir :

4 A Vin 10500 fr., pour 50 pièces de Vin de Bourgogne, à 210 fr. la pièce. . . . 10500

7 A Laine 26400 fr., pour 12 Balles, Laine vigogne, pesant net 4800 liv., à 5 fr. 50 cent. la livre. 26400

A Sucre 16000 fr., pour 10 Bariques, pesant net 10000 liv., à 160 fr. le o/o. . . 16000 | 52900

Du 12 *D°.*

(33) DIVERS A DIVERS 31000 fr., acheté de Déprez, moitié comptant, moitié à trois mois, les marchandises suivantes :

5 Café 16000 fr., pour 10 Bariques, pesant net 8000 liv., à 2 fr. la livre. 16000

4 Sucre 15000 fr., pour 10

F°. 12.

fr.

Bariques, pesant net 10 milliers, à 1 fr. 50 cent. la livre. 15000

31000

1 A Caisse 15500 fr., pour la moitié payée comptant. . 15500

5 A Déprez 15500 fr., pour l'autre moitié payable à trois mois. . . . . 15500 | 31000

Du 14 Février.

2 (34) LETTRES ET BILLETS à recevoir à divers, 10000 fr., pour l'escompte, à 2 pour o/o perte, d'un effet de 10000 fr., par Desforges, ordre de Bocage, du 1er. courant, à 2 mois ;

Savoir :

1 A Caisse 9800 fr., compté en espèces. 9800

2 A Escompte 200 fr., j'ai retenu pour l'escompte, à 2 pour o/o, à mon bénéfice. . 200 | 10000

Du 15 D°.

2 (35) DIVERS A LETTRES ET BILLETS à recevoir 10000 fr., pour la négociation, à 2 pour o/o perte,

F°. 13. fr.

d'un effet de 10000 fr., par Desforges, ordre de Bocage, du 1er. courant, à 2 mois, savoir :

1/2 Caisse 9800 fr., pour autant reçu en espèces. . . 9800

Escompte 200 fr., pour perte à la négociation ci-dessus. 200 | 10000

Du 17 Février.

1/3 (36) CAISSE A ASSUrances. 2000 fr., reçu de Breton, pour prime d'assurance, au montant de 20000 fr. de Marchandises chargées sur le Navire *La Julie*, en destination pour Hambourg, pour compte de Brissot, suivant compte d'assurance de ce jour, à 10 pour o/o. 2000

Du 18 D°.

3/1 (37) COMPTE DE CHANGE A CAISSE 7680 fr., j'ai pris 4000 marcs sur Hambourg, par Villeminot, sur Helman, à m/o, de ce jour à 3 usances, au change de 192 fr., pour 100 marcs lubs. 7680

	F°. 14.	fr.
	Du 25 *Février* 1808.	
3/1	(38) DÉPENSES GÉNÉRALES A CAISSE 1200 fr., compté depuis le 1er. jusqu'au 20 courant, pour frais et dépenses générales.	1200
	Du 30 *D°.*	
3/1	(39) DÉPENSES DOMEStiques. A CAISSE 3400 fr., compté pour frais de ménage, depuis le premier jusqu'au 30 courant.	3400
	Du 5 *Mars.*	
6/3	(40) DURAND, DE BAYONNE, A COMPTE DE CHANGE 8500 f., ledit a négocié 4000 marcs pour mon compte, dont le net produit s'élève à 8500 fr. suivant sa lettre du 2 courant. . .	8500
	Du 10 *D°.*	
6/1	(41) EFFETS A LA GROSSE, A CAISSE 25000 fr., que j'ai donnés à Séguin à la grosse avanture , à raison de 30 pour o/o d'intérêt.	25000
	Du 15 *D°.*	
3/1	(42) ASSANCES A CAISSE 20000 fr., j'ai compté à Breton ladite somme dont je lui avois assuré le montant. .	20000

F°. 15.

Folio	Article	Montant
	Du 20 *Mars.*	
6/6	(43) DUPERRON, DE BORDEAUX, mon compte A LUI-MÊME 25000 fr., ledit créditeur a acheté pour mon compte 50 tonneaux de vin, montant suivant compte d'achat, du 12 courant à. .	25000
	Du 28 *D°.*	
3/1	(44) MATIÈres. D'OR ET D'ARGent. de compte à demi avec Debrie, A CAISSE 52500 fr., j'ai acheté comptant, de compte à demi, avec ledit, 10000 piastres fortes d'Epagne, à 5 fr. 25 cent.. . .	52500
	D°.	
6/6	DEBRIE, son compte courant A LUI-MÊME, son compte à demi 26250 fr. pour sa moitié à l'achat ci-dessus. .	26250
1/3	(45) CAISSE A MATIÈres. d'or et d'arg. de c. à 1/2 avec Debrie, 53000 fr., vendu comptant de c. à 1/2 avec ledit 10000 pias. à 5 fr. 50 cent. . . .	53000
	D°.	
6/6	DEBRIE s/c. à 1/2 A LUI-MÊME 26500 fr. pour sa 1/2 à la vente. . .	26500
	D°.	
3/	MATIÈres. d'or et d'argent de compte	

F°. 16. fr.

à demi avec Debrie, à divers 500 fr.
6 pour solde et pour bénéfice ; savoir :
A DEBRIE, son compte en compagnie 250 fr. pour sa moitié du bénéfice à la vente de 10000 piastres. . . . 250
2 A PROFITS ET PERTES 250 fr. pour ma moitié du bénéfice à ladite vente. . . . 250 | 500

3
Du 1er. Avril.

1 (46) MATIÈres. D'OR ET D'ARGENT de compte à demi avec Debrie, A CAISSE 34000 fr., acheté comptant de compte à demi avec ledit 1000 souverains à 34 fr. 34000

6
D°.

5 DEBRIE, son compte courant à MATIÈRES d'or et d'argent de compte à demi avec lui-même 17000 fr., pour sa moitié à l'achat ci-dessus. . . . 17000

Du 3 D°.

1
3 (47) CAISSE A MATIÈres. D'OR ET D'ARGENT de compte à demi avec Debrie 34500 fr., vendu comp-

	F°. 17.		fr.
	tant de compte à demi avec ledit 1000 souverains à 34 fr. 50 cent. .		34500
	Du 3 Avril.		
5 —	MATIE[res]. d'or et d'argent, de compte à demi avec Debrie, A DIVERS 17500 fr. ; savoir :		
— 6	A DEBRIE, son compte courant 17250 fr., pour sa moitié à la vente ci-dessus. . .	17250	
— 2	A PROFITS ET PERTES 250 fr., pour ma moitié du bénéfice à ladite vente. . . .	250	17500
	Du 5 D°.		
— 1	(48) DIVERS A CAISSE 24000 fr., acheté comptant de compte à tiers avec Debrie et Lemoine 2000 ducats de Hollande, à 12 fr. ; savoir :		
6 —	DEBRIE, s/c. courant 8000 fr., pour son tiers à l'achat ci-dessus.	8000	
6 —	LEMOINE, s/c courant 8000 fr., pour son tiers.	8000	
5 —	MATIÈRES d'or et d'argent compte à tiers avec Debrie et Lemoine 8000 fr. pour mon tiers audit achat. . .	8000	24000

	F°. 18.		fr.
	Du 8 *Avril.*		
1 / —	(49) CAISSE A DIVERS 16000 fr., reçu en espèces des suivans pour leur tiers à l'achat de 2000 ducats de Hollande ; savoir :		
— / 6	A DEBRIE s/c. c. Reçu dudit pour son tiers.	8000	
— / 6	A LEMOINE, s/c. c. Reçu dudit pour son tiers. . . .	8000	16000
	Du 10 *D°.*		
1 / — / 3	(50) CAISSE A MATIÈres. D'OR ET D'ARGENT de compte à tiers avec Debrie et Lemoiue 3000 fr., vendu comptant de compte à tiers avec lesdits 2000 ducats de Hollande, à 15 fr.		30000
3 / —	*D°.*		
	MATIÈres. d'or et d'argent de compte à tiers avec Debrie et Lemoine, A DIVERS 22000 fr. ; savoir :		
— / 6	A DEBRIE ; s/c. c. 10000 fr., pour son tiers à la vente ci-dessus	10000	
— / 6	A LEMOINE s/c. c. 10000		

	F°. 19.		fr.
	fr., pour son tiers à la vente.	10000	
2	A RROFITS ET PERTE 2000 fr., pour le tiers de mon bénéfice à ladite vente. . .	2000	22000
	Du 11 *Avril.*		
1	(51) DIVERS A CAISSE, 20000 fr., j'ai compté aux suivans en espèces pour leur tiers au net proveuu de 2000 ducats de Hollande ; savoir :		
6	DEBRIE, s/c. c. 10000 fr., compté audit pour son tiers.	10000	
6	LEMOINE, s/c.c. 10000 fr., compté audit pour son tiers.	10000	20000
	Du 12 *D°.*		
1	(52) DIVERS A CAISSE 68000 fr., acheté comptant de compte à quart avec Debrie, Lemoine et Perrier, 1000 souverains à 32 fr. 32000 ; 1500 guinées à 24 fr. 36000 ; 68000 comme suit, savoir :		
6	DEBRIE, s/c. c. pour son quart à l'achat ci-dessus. .	17000	

	F°. 20.		fr.
6	LEMOINE, s/c. c. pour son quart audit achat.	17000	
7	PERRIER, s/c. c. pour son dit quart.	17000	
3	MATIÈRES d'or et d'argent de compte à quart avec lesdits, pour mon quart audit achat.	17000	68000
	Du 14 *Avril.*		
1	(55) CAISSE A DIVERS 51000 fr. J'ai reçu en espèces des suivans, pour leur quart à l'achat de 1000 souverains, et de 1500 guinées, savoir:		
6	A DEBRIE 17000 fr. Reçu dudit pour son quart. . .	17000	
6	A LEMOINE 17000fr. Reçu pour son quart.	17000	
7	A PERRIER 17000 fr. Reçu pour son quart.	17000	51000
	Du 16 *D°.*		
1	(54) CAISSE A DIVERS 73500 fr. Vendu comptant de compte à quart avec Debrie, Lemoine et Perrier :		

		F°. 21.	fr.
	1000 souverains à 36 fr. 36000 1500 guinées à 25 fr. 37500 73500 com-		
	me suit, savoir :		
6	A DEBRIE, s/c.c. 18375 fr., pour son quart à la vente ci-dessus.	18375	
6	A LEMOINE, s/c. c. 18375 fr., pour idem.	18375	
7	A PERRIER 18375 fr., pour idem.	18375	
3	A MATIÈRES d'or et d'argent de compte à quart avec les dits 18375 fr., pour mon quart à ladite vente.	18375	73500
	Du 16 *Avril*.		
3 2	MATIÈres. d'or et d'argent, de compte, à quart avec Debrie, Lemoine et Perrier, A PROFITS ET PERTES 1375 fr., pour le quart de mon bénéfice à la vente ci-dessus.		1375
	Du 19 *D°*.		
1	(55) DIVERS A CAISSE 55125 fr. J'ai compté aux suivans pour leur		

F°. 22. | fr.

quart au net provenu de 1000 souverains et de 1500 guinées, savoir :

6 — 6 DEBRIE 18375 fr., compté audit pour son quart. . . 18375

— LEMOINE 18375 fr., idem. 18375

7 PERRIER 18375 fr., idem. 18375 | 55125

Du 15 *Mai.*

1 — 6 (56) CAISSE A EFFETS à la grosse 32500 fr. J'ai reçu de Seguin pour Capital et intérêts de 25000 fr. à lui donnés à la grosse aventure, le 10 Mars à raison de 30 pour o/o d'intérêt. . . . . | 32500

Du 26 *D°.*

6 — 6 (57) DUPERRON, DE BORDEAUX, A LUI-MÊME, M/C. 30000 fr. ledit Debiteur a vendu pour mon compte 50 tonneaux de vin, dont le net produit monte suivant son compte de vente à. . . . . | 30000

Du 1er. *Juin.*

1 — 2 (58) CAISSE A COMMISSION 16000 fr. J'ai vendu comptant pour compte de Tollard, de Marseille, 10 Bariques, Café, pesant net 8000 liv., à 2 fr. la livre, la commission à 2

	F°. 25.	fr.
	pour o/o.	16000
	Du 1er. Juin.	
2/1	COMmission A TOLLARD, de Marseille 15680 fr., pour le montant de la vente ci-dessus, la commission à 2 pour o/o.	15680
	Du 6 D°.	
2/1	(59) COMMISSION A CAISSE 16000 fr. J'ai acheté comptant pour compte de Roger, de Bordeaux, 10 Bariques, sucre, pesant net 8000 liv., à 2 fr. la livre, la commission à 2 pour o/o.	16000
	Dudit.	
7/2	ROGER, de Bordeaux, A COMMISsion 16320 fr., pour l'achat ci-dessus fait pour son compte, montant à 16000 fr., la commission à 2 pour o/o. . . .	16320
	Du 11 D°.	
7/7	(60) CARGAISON DU NAVIRE LE HOPE, A FORTIN, de Bordeaux 80000 fr., ledit créditeur a expédié pour mon compte, le Navire le Hope, Capitaine Lapipe, en destination pour Amsterdam, à l'adresse et consignation de Heiberg, chargé de vins, eau-de-vie, &c., dont la cargaison monte suivant	

	F°. 24.	
	compte d'armement à.	80000
	Du 18 Juin.	
7/7	(61) FORTIN, DE BORDEAUX. à HEIBERT, d'Amsterdam 40000 fr.. ledit Débiteur s'est prévalu pour mon compte sur ledit Créditeur, de 18000 florins courans, à 3 usances, dont le net produit monte suivant note de négociation à.	40000
	Du 20 D°.	
7/1	(62) FORTIN, DE BORDEAUX. A CAISSE 35000 fr., pour ma remise audit en traites, comme suit, prises au pair, savoir :	
	Traite de Durand sur Cordier, à mon ordre, à 15 jours de date. 15000	
	D°. de Favret, sur Thouret, à mon ordre, à 15 jours de date. . . . . , . 20000	35000
	Du 29 D°.	
1/7	(63) CAISSE A HEIBERG, D'AMSTERDAM 40000 fr. J'ai négocié 18000 florins en mes traites sur ledit Créditeur, à un mois, ordre de Duflot, au change de 54 deniers de gros pour 3	

	F°. 25.	fr.
	fr., dont le net produit s'élève à. .	40000
1/7	*Du 10 Juillet.* (64) CAISSE A DELAUNAY, DE BORDEAUX 13000 fr., que j'ai reçu de Buzanval, pour compte dudit Créditeur.	13000
7/7	*Du 20 D°.* (65) HEIBERG, D'AMSTERDAM, A CARGAI^son du Navire le Hope, 100000 fr., ledit a vendu pour mon compte, la cargaison du Navire le Hope, capitaine Lapipe, dont le net produit monte suivant compte de vente à 45000 florins courans, le change à 54 deniers de gros pour 3 fr.	100000
7/7	*Du 26 D°.* (66) DELAUNAY, DE BORDEAUX, A HEIBERG, d'Amsterdam, 13000 fr., ledit s'est prévalu pour mon compte sur ledit Créditeur de 6000 florins courans, dont le net produit s'élève suivant note de négociation à	13000
1/—	*Du 30 D°.* (67) CAISSE A DIVERS 6565 fr. pour le net produit de ma traite	

F°. 26. fr.

sur Delaunay, de Bordeaux, ordre de Pinson, à 15 jours de date, à 1 pour o/o de bénéfice, savoir :

7 A DELAUNAY, de Bordeaux 6500 fr., pour lemontant de ma traite sur ledit. . . . 6500

2 A ESCOMPTE 65 fr., pour le bénéfice à la négociation de ladite traite. . . . . . 65 | 6565

Du 12 Août.

1 (68) DIVERS A CAISSE 52000 fr. J'ai acheté comptant de compte à demi avec Perrier 20 Bariques, Café, pesant net 16000 liv., à 2 fr. la livre, savoir :

7 PERRIER, s/c. c. 16000 fr., pour sa moitié à l'achat. 16000

7 MARCHAN[ses]. en participation de compte à demi avec Perrier 16000 fr., pour ma moitié audit achat. . . . . 16000 | 52000

Du 24 D°.

7 (69) PERRIER, S/C. COURANT

7 A MARCHAN[ses]. en participation de compte à demi avec lui-même 20000 fr. Ledit a vendu comptant de comp

	F°. 27.	fr.
	te à demi avec moi 20 Bariques, Café, pesant net 16000 liv., à 2 fr. 50 cent. la livre, montant à 40000 fr., dont pour ma moitié.	20 00
7/2	*Du* 24 *Août.* MARCHAN^ses^. en participation de compte à demi avecPerrier,A PROFITS ET PER^tes^. 4000 fr., pour la moitié de mon bénéfice à la vente des 20 Bariques Café.	4000
7/7	*Du* 28 *D°.* (70) AUGER, son compte à demi A LUI-MÊME son compte courant 12000 fr. Ledit a acheté comptant, de compte à demi avec moi, 1000 guinées à 24 fr., montant à 24000 fr., dont pour ma moitié.	12000
7/7	*Du* 15 *Septembre.* (71) AUGER, S/C. C. A LUI-MÊME son compte à demi 12500 fr. Ledit a vendu comptant, de compte à demi avec moi, 1000 guinées à 24 fr. 50 cent., montant à 25000 fr., dont pour ma moitié.	12500
—/2	*Du* 1er. *Novembre.* (72) DIVERS A PROFITS ET	

F°. 28.

	PERTES 53925 fr., pour bénéfice et pour solde, savoir :	
1	MARCHANses. GÉNÉles., 1800 fr., pour autant que j'ai gagné cette année sur lesdites et pour solde dudit compte.	1800
2	ESCOMPTE 65 fr., pour le bénéfice net sur les divers escomptes et pour solde. .	65
2	COMMISsion 640 fr., pour le montant des commissions que j'ai gagnées cette année et pour solde.	640
3	COMPTE DE CHANge 820 fr., pour mon bénéfice sur les opérations de change et pour solde.	820
4	SUCRE 2500 fr., pour autant que j'ai gagné cette année sur ledit et pour solde. . . .	2500
4	VINS 700 fr., pour solde et pour bénéfice.	700
5	CAFÉ 12000 fr., pour mon bénéfice sur ledit et pour solde.	12000
6	EFFETS à la grosse 7500 fr., pour solde et pour mon bé-	

	F°. 29.		fr.
	néfice.	7500	
7	CARGAISON du Navire le Hope 20000 fr., pour mon bénéfice sur ladite et pour solde.	20000	
7	AUGER, son compte à demi 500 fr., pour solde et pour ma moitié du bénéfice.	500	
7	LAINE 2400 fr., pour solde et pour mon bénéfice surladite marchandise.	2400	
6	DUPERRON, de Bordeaux, mon compte 5000 fr., pour solde et pour mon bénéfice.	5000	53925
	Du 1er. Novembre.		
2	(73) PROFITS ET PERTES A DIVERS 22600 fr., pour les pertes que j'ai faites cette année, et pour solde, savoir :		
3	A ASSUces. 18000 fr., pour solde et pour la perte que j'ai faite sur les assurances cette année.	18000	
3	A DÉPENses GÉNÉles. 1200 fr., pour les dépenses faites cette année et pour		

	F°. 30.			fr.
	solde.	1200		
3	A Dépenses domestiques 3400 fr., pour les dépenses de ménage que nous avons faites et pour solde. . . .	3400		22600
	Du 1er. Novembre.			
2 / 4	(74) PROFITS ET PERTES A CAPITAL 39200 fr., pour le profit net que j'ai fait cette année et pour solde du compte de profits et pertes.			39200
	Du 1er. D°.			
8	(75) BALANCE DE SORTIE A DIVERS 309180 fr., pour les sommes suivantes dont sont restés Débiteurs pour solde les sous-nommés, mais que je crédite actuellement, pour balancer leurs comptes et les porter ensuite Débiteurs en Balance d'entrée, savoir :			
1	A CAISSE, 160660 fr., pour autant qu'il me reste en espèces suivant le bordereau de ce jour et pour solde dudit compte.	160660		
1	A MARCHANses. GÉNÉles. 2800 fr., pour celles qui me restent en magasin et pour			

F°. 31.

	solde de ce compte. . . .	2800
2	A LETTRES ET BILLETS A RECEVOIR, 24000 fr., pour effets restans en porte-feuille et pour solde dudit compte. .	24000
4	A SUCRE, 15000 fr., pour ce qui me reste en magasin et pour solde de ce compte.	15000
4	A GODSON, 1800 fr., pour la somme dont il reste Débiteur, que je crédite actuellement pour Balance et pour solde de son compte, et que je porterai ensuite Débiteur en Balance d'entrée. . . .	1800
4	A LEBLANC, 200 fr., pour solde de son compte. . .	200
4	A FOURNIER, 400 fr., pour solde de son compte. . . .	400
5	A ERNEST, de Bordeaux, 4000 fr., pour idem. . .	4000
5	A LEBLOND, de Marseille, 7400 fr., pour idem. . . .	7400
5	A COULON, de Bordeaux, 3600 fr., pour idem. . .	5600
6	A DURAND, de Bayonne,	

	F°. 52.		fr.
	8500 fr., pour idem. . .	8500	
6	A DUPERRON, de Bordeaux, 5000 fr., pour idem. .	5000	
7	A PERRIER, 36000 fr., pour idem.	36000	
7	A ROGER, de Bordeaux, 16320 fr., pour idem. . .	16320	
7	A HEIBERG, d'Amsterdam, 7000 fr., pour idem. . . .	7000	
7	A AUGER, 500 fr., pour idem.	500	
5	A CAFÉ, 16000 fr., pour ce qui reste en magasin. . .	16000	309180
	Du 1er. Novembre.		
8	(76) DIVERS A BALANCE DE SORTIE, 309180 fr., pour les sommes suivantes dont sont restés Créanciers pour solde les sous-nommés, mais que je débite actuellement pour balancer leurs comptes et les porter ensuite Créanciers à la Balance d'entrée, Savoir :		
4	CAPITAL 237400 fr., pour solde dudit compte et pour mon capital net.	237400	
2	LETTRES ET BILLETS A		

	PAYER 12000 fr., pour le montant de mes Billets qui sont encore en circulation et pour solde du compte de Lettres et Billets à payer, ...	12000
1	TOLLARD, DE MARSEILLE, 15680 fr., pour la somme dont il reste Créditeur, que je débite actuellement pour balance et pour solde de son compte, et que je porterai ensuite Créditeur en Balance d'entrée.	15680
4	STOR, 1600 fr., pour solde de son compte.	1600
4	SOLLET, 600 fr., pour idem.	600
4	FROGER, DE ROUEN, 300 fr., pour idem. . . .	300
5	HACOT, DE LYON, 4000 fr., pour idem.	4000
5	GERMAIN, DE BAYONNE, 10100 fr., pour idem. .	10100
5	DÉPREZ, 15500 fr., pour idem.	15500
6	DEBRIE, 500 fr., pour idem.	500
7	FORTIN, DE BORDEAUX	

	F°. 34.		fr.
	5000 fr., pour idem. . . .	5000	
7	DELAUNAY, DE BORDEAUX, 6500 fr., pour idem.	6500	309180
	Du 1er. Novembre.		
8	(77) DIVERS A BALANCE D'ENTRÉE, 309180 pour crédit à eux donnés par Balance de sortie et pour les sommes suivantes dont sont restés Débiteurs les sous-nommés, savoir :		
1	CAISSE, 160660 fr., pour la somme trouvée en espèces, suivant le bordereau de ce jour.	160660	
1	MARCHANDISES GÉNÉRALES, 2800 fr., pour le montant de celles en magasin. .	2800	
4	SUCRE, 15000 fr., pour ce qui me reste en magasin. .	15000	
5	CAFÉ, 16000 fr., pour idem.	16000	
2	LETTRES ET BILLETS A RECEVOIR, 24000 fr., pour les effets qui me restent en portefeuille.	24000	
4	GODSON, 1800 fr., pour la somme dont il est resté Débiteur pour solde de son compte.	1800	

	F°. 35.		fr.
4 —	LEBLANC, 200 fr., pour idem.	200	
4 —	FOURNIER, 400 fr., pour idem.	400	
5 —	ERNEST, de Bordeaux, 4000 fr., pour idem. . . .	4000	
5 —	LEBLOND, de Marseille, 7400 fr., pour idem. . .	7400	
5 —	COULON, DE BORDEAUX, 3600 fr., pour idem.	3600	
6 —	DURAND, DE BAYONNE, 8500 fr., pour idem. . . .	8500	
6 —	DUPERRON, DE BORDEAUX, 5000 fr., pour idem.	5000	
7 —	PERRIER, 36000 fr., pour idem.	36000	
7 —	ROGER, DE BORDEAUX, 16320 fr., pour idem. . .	16320	
7 —	HEIBERG, D'AMSTERDAM, 7000 fr., pour idem. .	7000	
7 —	AUGER, 500 fr., pour idem.	500	309180
	Du 1er. Novembre.		
8 —	(78) BALANCE D'ENTRÉE A DIVERS, 309180 fr., pour crédit donné à Balance de sortie par les Cré-		

F°. 36.

diteurs suivans pour les sommes suivantes dont ils sont restés Créanciers dans l'ancien compte ; nous les avions débités à Balance de sortie, et nous les créditons par Balance d'entrée,

Savoir :

4 A CAPITAL, 237400 fr., pour mon capital net. . . 237400

2 A LETTRES ET BILLETS A PAYER, 12000 fr., pour le montant de mes billets qui sont encore en circulation. . 12000

1 A TOLLARD, DE MARSEILLE, 15680 fr., pour la somme dont il est resté Créditeur ; je l'avois débité à Balance de sortie pour solde, et je le crédite de nouveau. 15680

4 A STOR, 1600 fr., pour idem. 1600

4 A SOLLET, 600 fr., pour idem. 600

4 A FROGER, DE ROUEN, 300 fr., pour idem. . . . 300

5 A HACOT, DE LYON, 4000 fr., pour idem. . . . 4000

		F°. 37.	fr.
5	A GERMAIN, DE BAYONNE, 10100 fr., pour idem. .	10100	
5	A DÉPREZ, 15500fr., pour idem.	15500	
6	A DEBRIE, 500 fr., pour id.	500	
7	A FORTIN, DE BORDEAUX, 5000 fr., pour idem.	5000	
7	A DELAUNAY, DE BORDEAUX, 6500 fr., pour idem.	6500	309180

f°.	BALANCE de VÉRIFICATION.	*Doit.*	*Avoir.*
4	Capital.	5600	203000
1	Marchandises générales.	12400	11400
1	Caisse.	691565	530905
1	Tollard.		15680
2	Lettres et Billets à recevoir.	55500	31500
2	Lettres et Billets à payer.	16600	28600
2	Profits et Pertes.		7875
2	Escompte.	200	265
2	Commission.	31680	32320
3	Assurances.	20000	2000
3	Dépenses générales.	1200	
3	Dépenses domestiques.	3400	
3	Change.	7680	8500
3	Matières d'or et d'argent de compte à demi, avec Debrie.	104500	104500
3	Matières d'or et d'argent de compte à tiers, avec Debrie et Lemoine.	30000	30000
3	Matières d'or et d'argent, de compte à quart avec Debrie, Lemoine et Perrier	18375	18375
4	Sucre.	52500	40000
4	Stor.		1600
4	Vins.	11600	12300
4	Godson.	1800	
4	Sollet.		600
4	Froger.		300
4	Leblanc.	200	
4	Fournier.	400	
5	Hacot.	8000	12000
5	Bovard.	12000	12000
5	Ernest.	12000	8000
5	Laurin.	6000	6000
5	Jourdan.	5000	5000
5	Leblond.	7400	
5	Coulon.	3600	
5	Germain		10100
5	Café.	40000	36000
5	Déprez.		15500
	Porté ci-contre.	1159200	1185120

		Doit.	Avoir.
	Transport de ci-contre.	1159200	1185120
6	Durand.	8500	
6	Effets à la grosse.	25000	32500
6	Duperron, mon compte.	25000	30000
6	Duperron.	30000	25000
6	Debrie.	96625	97125
6	Debrie, son compte à demi.	26500	26500
6	Lemoine.	53375	53375
7	Perrier.	71375	35375
7	Roger.	16320	
7	Cargaison du Navire le Hope.	80000	100000
7	Fortin.	75000	80000
7	Heibert.	100000	93000
7	Delaunay.	13000	19500
7	Marchandises à demi avec Perrier.	20000	20000
7	Auger, son compte à demi.	12000	12500
7	Auger.	12500	12000
7	Laine.	24000	26400
		1848395	1848395

GRAND LIVRE.

REPERTOIRE DU GRAND LIVRE.

A.

Assurances. . . . *Fol.* 3
Auger, son compte à demi. 7
Auger, son compte courant. 7

B.

Balance de sortie . . . 8
Balance d'entrée. . . . 8
Bovard, de Marseille. . 5

C.

Café. 5
Caisse. 1
Capital. 4
Cargaison. 7
Change. 3
Commission. 2
Coulon. 5

D.

Debrie, son compte courant. 6
Debrie, son compte à demi. 6
Delaunay. 7
Dépenses générales. . . 3
Dépenses domestiques. . . 3
Déprez. 5
Duperron, son compte. . 6
Duperron, mon compte. . 6
Durand. 6

E.

Effets à la grosse. . . . 6
Ernest. 5
Escompte. 2

F.

Fortin. 7
Froger. 4
Fournier. 4

G.

Germain. 5
Godson. 4

H.

Hacot. 5
Heiberg. 7

J.

Jourdan. 5

L.

Laine 7
Laurin. 5
Leblanc. 4
Leblond. 5
Lemoine 6
Lettres et Billets à recevoir. 2
Lettres et Billets à payer. 2

M.

Marchandises générales. . 1
Marchandises en participation de compte à demi avec Perrier. . . 7
Matière d'or et d'argent de compte à demi, avec Debrie. 3
Matière d'or et d'argent, de de compte à tiers, avec Debrie et Lemoine. . 3
Matière d'or et d'argent de compte à quart, avec Debrie, Lemoine, et Perrier. 3

P.

Perrier. 7
Profits et Pertes. . . . 2

R.

Roger. 7

S.

Sollet. 4
Stor. 4
Sucre. 4

T.

Tollard. 1

V.

Vins. 4

Fo'. 1. *Grand Livre.*

An 1808.					
		DOIVENT MARCHANDses. GÉNles.			
Janv.	1	A Capital, pour celles en magasin. .	2	4	12400
Nov.	1	A Profits et Pertes, p. solde et p. bénéf.	[illegible]	2	1800
					14200
		DOIT CAISSE.			
Janv.	1	A Capital, pour ce que j'ai en espèces.	1	4	180000
	6	A Sucre, vendu comptant. . . .	3	4	24000
	10	A Sollet, reçu en espèces. . . .	3	4	600
	12	A Froger, reçu pour compte dudit.	3	4	300
	20	A Laurin, reçu p. m. Traite, sur ledit.	4	5	6000
	21	A Jourdan, p. m. Tr sur Laurin,p. s. c	5	5	5000
	29	A Café, pour le tiers recu comptant.	8	5	12000
	30	A Marchandi. gén. vendu comptant.	[illegible]	1	11400
Fév.	2	A Lettr.et Bill.à recev. encaissé une rem.	8	2	4600
	2	A Lettr.et Bill.à recev. encaissé une rem.	9	2	6800
	2	A Lettr.et Bill à recev. encaissé une rem.	9	2	4500
	4	A Lettr.et Bill.à recev. encaissé une rem.	10	2	5600
	10	A Divers, vendu comptant les march.	11	0	52900
	15	A Let.et Bil.à rec.négocié un Eff.à 2p.1c	[illegible]	2	9800
	17	A Assurance reçu de Breton, p. prime.	13	[illegible]	2000
Mars.	30	A Matières d'or et d'arg. à 1/2 p. vente.	[illegible]	3	53000
Avril.	3	A Mat. d'or et d'argent à 1/2 p. vente.	16	3	34500
	8	A Divers, reçu pour leur tiers à l'achat.	18	0	16000
	10	A Mat. d'or et d'arg. à tiers p. vente.	18	3	30000
	14	A Divers, reçu en espèces p. leur quart.	20	0	51000
	16	A Divers, vend. compt. de c. à quart.	20	0	73500
Mai.	15	A Eff. à la grosse, reçu p. capital et in.	22	6	32500
Juin.	1	A Commission, vendu p. c. de Tollard.	22	2	16000
	29	A Heiberg, nég. 18000 fl. p. traite sur led.	24	7	40000
Juill.	10	A Delaunay, reçu pour son compte.	25	7	13000
	30	A Divers, pour le net prod. de ma Trait	25	0	6565
					691565
		DOIT TOLLARD, de MARSEILLE,			
Nov.	1	A Balance, pour solde.	33	8	15680

An 1808.					
		AVOIR			
Janv.	30	Par Caisse vendu comptant. . .	8	1	11400
Nov.	1	Bar Balance de sortie pour celles qui me restent en Magasin.	30	8	2800
					14200
		AVOIR			
Janv.	1	Par Sucre, pour achat comptant . .	2	4	22500
	14	Par Leblanc, compté pour solde . .	4	4	200
	16	Par Fournier, compté pour s/c. . .	4	4	400
	24	Par Leblond, pour ma remise. . .	6	5	7400
	25	Par Coulon, pour ma remise p. s/c. .	6	5	3600
	28	Par Café, p. la 1/2 payée comptant. .	7	5	12000
Fév.	2	Par Lettr. et Bill. à payer, acq. une T	8	2	5600
	2	Par Lettr. et Bill. à payer, acq. une Tr.	9	2	6000
	2	Par Lettr. et Bill. à payer, acq. une Tr.	9	2	5000
	4	Par Divers, acheté comptant les March.	10	0	49000
	12	Par Divers, p. la 1/2, payée c. p. achat.	12	0	15500
	14	Par Lettr. et Bill. à recevoir compté pour un effet à 2 pour 0/0. . .	12	2	9800
	18	Par Change, pris 4000 marcs sur Ham.	13	3	7680
	25	Par Dép. géné. compt. du 1. au 20, cou.	14	3	1200
	30	Par Dép. Dom. compt. p. frais ménag.	14	3	3400
Mars.	10	Par Eff. à la grosse, donné à Séguin, à 30 pour 0/0.	14	6	25000
	15	Par Assurances comp. p. somme assurée	14	3	20000
	28	Par Matière d'or et d'argent, ach. à 1/2	15	3	52500
Avril.	1	Par idem. p. achat compt. de 1000 souv.	16	3	34000
	5	Par Divers, p. ach. compt. dec. à tiers.	17	0	24000
	11	Par Divers, compté auxd. p. leur tiers.	19	0	20000
	12	Par Divers, acheté de compte à quart.	19	0	68000
	19	Par Divers, compté auxd. p. leur quart.	21	0	55125
Juin.	6	Par Commission, ach. p. comp. de Royer	23	2	16000
	20	Par Fortin, pour ma remise. . .	24	7	35000
Août.	12	Par Divers, acheté c. à 1/2 avec Perrier.	26	0	32000
Nov.	1	Par Balance, pour ce qui reste en caisse	30	8	160660
					691565
		AVOIR			
Juin.	1	Par Commission, vendu pour s/c. .	8	2	15680

Fol. 2. *Grand Livre.*

An 1808.					
		DOIV. LETtres. et BILlets. A RECEV.			
Janv.	1	A Capital, pour eff. en porte-feuille.	1	4	11400
	26	A Germain, pour sa remise. . .	6	5	4500
	27	A Germain, pour la remise pour s/c	7	5	5600
	29	A Café, pour les deux tiers en effets.	8	5	24000
Fév.	14	A Divers, p. un eff. de 10,000 escomp. à 2 pour 0/0	12	0	10000
					55500
		DOIV. LETtres. et BILlets A PAYER			
Fév.	2	A Caisse, acquitté une Traite. . .	8	1	5600
	2	A Caisse, acquitté une Traite. . ,	9	1	6000
	2	A Caisse, acquitté une Traite. .	9	1	5000
Nov.	1	A Balance, pour mes effets en circul.	12	8	12000
					28600
		DOIV. PROFITS et PERTES.			
Nov.	1	A Divers, pour nos pertes cette année	[illegible]	0	22600
Nov.	1	A Capital, pour le profit net et p. sold.	30	4	39200
					61800
		DOIT ESCOMPTE.			
Fév.	15	A Lett. et Bill. à recev. p. perte à la négociation.	13	2	200
Nov.	1	A Profits et Pertes, pour solde .	28	8	65
					265
		DOIT COMMISSION.			
Juin.	1	A Tollard, vendu pour son compte.	[illegible]	1	15680
	6	A Caisse, acheté pour compte de Royer	[illegible]	1	16000
Nov.	1	A Profits et Pertes pour solde. . .	28	8	640
					32320

An 1808.					
		AVOIR			
Fév.	2	Par Caisse, encaissé la remise. .	8	1	4600
	2	Par Caisse, encaissé une remise. .	9	1	6800
	2	Par Caisse, encaissé une remise. .	9	1	4500
	2	Par Caisse, encaissé une remise. .	10	1	5600
	15	Par Divers, négocié un eff. à 2 p. o/o	12	10	10000
Nov.	1	Par Balance, pour solde et pour eff. restans en porte-feuille. . . .	31	8	24000
					55500

		AVOIR			
Janv.	1	Par Capital, pour acceptation. .	2	4	5600
	22	Par Laurin, p. acceptat. de sa Traite.	5	5	6000
	23	Par Jourdan. p. accept. p. s/c .	5	5	5000
	28	Par Café, pour la 1/2 payée en m/eff.	7	5	12000
					28600

		AVOIR			
Mars.	30	Par Matières d'or et d'argent, c. à 1/2 pour mon bénéfice. . .	16	3	250
Avril.	3	Par idem. p. ma 1/2 bénéfice à la vente	17	3	250
	10	Par Mat. d'or et d'arg. p. le 1/3 de m/bé	19	3	2000
	16	Par Mat. d'or et d'arg. p. le 1/4 de m/bé-	21	3	1375
Août.	24	Par Marchandises à 1/2 p. mon bénéf.	27	7	4000
Nov.	1	Par Divers, pour nos bénéf. cette année	27		53925
					61800

		AVOIR			
Fév.	14	Par Lett. et Bill. à recev. p. esc. à 2 pour o/o.	12	2	200
Juill.	30	Par Caisse, p. bénéf. à la négociation	26	1	65
					265

		AVOIR			
Juin.	1	Par Caisse, vendu p. compt. de Tollard.	22	1	16000
	6	Par Roger, acheté pour son compte.	23	7	16320
					32320

Fol. 3. *Grand Livre.*

An 1808.					
		DOIVENT ASSURANCES.			
Mars.	15	A Caisse, compté à Breton, p. som. assur.	14	1	20000
					20000
		DOIVENT DÉPENSes. GÉNÉles.			
Fév.	25	A Caisse, compté p. frais du 1. au 20.	14	1	1200
		DOIV. DÉPses. DOMques			
Fév.	30	A Caisse, compté p. frais de ménage.	14	1	3400
		DOIT COMPTE DE CHANGE.			
Fév.	18	A Caisse, pris 4000 marcs sur Hambou.	13	1	7680
Nov.	1	A Profits et Pertes, p. solde et bénéf.	28	2	820
					8500
		DOIV. MATres. D'OR et D'ARG. de C.			
Mars.	28	A Caisse, p. ach. de 10,000 pias. compt.	15	1	52500
	30	A Divers, p. solde et pour bénéf.	15	0	500
Avril.	1	A Caisse, p. achat compt. de 10,000 s.	16	1	34000
	3	A Divers, p. 1/2 à la vente et m/bénéf.	17	0	17500
					104500
		DOIV. MATres. D'OR et D'ARG, de C.			
Avril.	5	A Caisse, pour mon tiers, à l'achat	17	1	8000
Avril.	10	A Divers, pour leur tiers à la vente.	18	0	22000
					30000
		DOIV. MATres. D'OR et D'ARG.			
Avril.	12	A Caisse, pour mon quart à l'achat.	20	1	17000
	16	A Profits et Pertes pour le 1/4 de m/b.	21	2	1375
					18375

An 1808.					
		AVOIR			
Fév.	17	Par Caisse, reçu de Breton, p. prime.	13	1	2000
Nov.	1	Par Profits et Pertes, pour solde, .	29	8	18000
					20000
		AVOIR			
Nov.	1	Par Profits et Pertes pour solde.	29	2	1200
		AVOIR			
Nov.	1	Par Profits et Pertes, pour solde. .	30	2	3400
		AVOIR			
Mars.	5	Par Durand, ledit a négocié p. m/c	14	6	8500
		A DEMI AVEC DEBRIE. AVOIR			
Mars.	30	Par Caisse, vendu compt. 10,000 piast.	15	1	53000
Avril.	1	Par Debrie, pour sa 1/2 à l'achat de 1000 souverains.	16	6	17000
	2	Par Caisse, vendu comptant 1000 souv.	16	1	34500
					104500
		AVOIR A TIERS, AVEC DEBR. et LEMOINE			
Avril.	10	Par Caisse, vendu compt. 2000 ducats	18	1	30000
		AVOIR AVEC DEBRIE, LEMOINE et PERR.			
Avril.	16	Par Caisse, pour mon quart à la vente	21	1	18375

Fol. 4. *Grand Livre.*

An 1808.					
		DOIT CAPITAL.			
Janv.	1	A Lettr. et Bill. à payer p. acceptat.	2	2	5600
Nov.	1	A Balance, p. sold. et p. m/capital net.	32	13	237400
					243000
		DOIT SUCRE.			
Janv.	1	A Caisse, pour achat comptant. . .	2	1	22500
Fév.	4	A Caisse, p. 10 bariq. achetées comp.	10	1	15000
	12	A Divers, acheté 1/2 comp. 1/2 à 3 m. 10. bariques.	11	0	15000
Nov.	1	A Profits et Pertes p bénéf. et p. sold.	28	2	2500
					55000
		DOIT STOR.			
Nov.	1	A Balance, pour solde.	33	8	1600
		DOIVENT VINS.			
Janv.	3	A Stor, pour achat, à 3 mois. . . .	3	4	1600
Fév.	4	A Caisse, p. 50 pièces achetées comp.	10	1	10000
Nov.	1	A Profits et Pertes p. solde et bénéf.	28	2	700
					12300
		DOIT GODSON.			
Janv.	8	A Vins, vendu à 3 mois.	3	4	1800
		DOIT SOLLET.			
Nov.	1	A Balance, pour solde.	33	8	600
		DOIT FROGER, DE ROUEN.			
Nov.	1	A Balance, pour solde.	33	8	300
		DOIT LEBLANC.			
Janv.	14	A Caisse, compté pour solde. . .	4	1	200
		DOIT FOURNIER.			
Janv.	16	A Caisse, compté pour s/c. . . .	4	1	400

An 1808.					
		AVOIR			
Janv.	1	Par divers, p. le montant de mes effets.	1	0	203800
Nov.	1	Par Profits et pertes p. le profit net.	30	2	39200
					243000
		AVOIR			
Janv.	6	Par Caisse, vendu comptant. . . .	3	1	24000
Fév.	10	Par Caisse, vendu comp., 10 bariq.	11	1	16000
Nov.	1	Par Balance, p. ce qui reste en magas.	31	8	15000
					55000
		AVOIR			
Janv.	3	Par Vins, p. achat à 3 mois. . . .	3	4	1600
		AVOIR			
Janv.	8	Par Godson, vendu audit à trois mois.	3	4	1800
Fév.	10	Par Caisse, vendu comp. 50 pièces.	11	1	10500
					12300
		AVOIR			
Nov.	1	Par Balance, pour solde. . . .	31	8	1800
		AVOIR			
Janv.	10	Par Caisse, reçu en espèces. . .	3	1	600
		AVOIR			
Janv.	12	Par Caisse, reçu p. c. dudit. . . .	3	1	300
		AVOIR			
Nov.	1	Par Balance, pour solde.	31	8	200
		AVOIR			
Nov.	1	Par Balance, pour solde.	31	8	400

Fol. 5. *Grand Livre.*

An 1808.					
		DOIT HACOT, DE LYON.			
Janv.	17	A Ernest, qui lui a compté p. m/c. .	4	5	8000
Nov.	1	A Balance, pour solde.	33	8	4000
					12000
		DOIT BOVARD, DE MARSEILLE.			
Janv.	18	A Hacot, qui a payé audit p. m/c. .	4	5	12000
		DOIT ERNEST, DE BORDEAUX.			
Janv.	19	A Bovard, qui a compté audit p. m/c.	4	5	12000
		DOIT LAURIN, DE ROUEN.			
Janv.	22	A Lett. et Bill. à payer p. acceptation.	5	2	6000
		DOIT JOURDAN, DE LYON.			
Janv.	23	A Lett. et Bill. à payer p. accept. p. s/c.	5	2	5000
		DOIT LEBLOND, DE MARSEILLE			
Janv.	24	A Caisse pour ma remise. . . .	6	1	7400
		DOIT COULON, DE BORDEAUX.			
Janv.	25	A Caisse, p. ma remise p. s/c. . .	6	1	3600
		DOIT GERMAIN, DE BAYONNE.			
Nov.	1	A Balance, pour solde.	33	8	10100
		DOIT CAFE.			
Janv.	8	A Divers, acheté 1/2 comp, 1/2 m/effet.	7	0	24000
Fév.	12	A Divers ach. 1/2 comp, 1/2 à 3 m 10 bar.	11	0	16000
Nov.	1	A Profits et Pertes p. bén. et p. solde.	28	2	12000
					52000
		DOIT DEPREZ.			
Nov.	1	A Balance, pour solde.	33	8	15500

Grand Livre. *Fol.* 5.

An 1808.					
		AVOIR			
Janv.	18	Par Bovard, qui a reçu duditp. m/c.	4	5	12000
		AVOIR			
Janv.	19	Par Ernest, qui a reçu dudit p. m/c.	4	5	12000
		AVOIR			
Janv.	17	Par Hacot, qui a reçu dudit p. m/c.	4	5	8000
Nov.	1	Pa Balance, pour solde.	31	8	4000
					12000
		AVOIR			
Janv.	20	Par Caisse, p. ma traite sur ledit.	4	1	6000
		AVOIR			
Janv.	21	Par Caisse, p. ma traite p. s/c. . .	5	1	5000
		AVOIR			
Nov.	1	Par Balance, pour solde.	31	8	7400
		AVOIR			
Nov.	1	Par Balance, pour solde.	31	8	3600
		AVOIR			
Janv.	26	Par Lett. et Bill. à recev. p. sa remise.	6	2	4500
	27	Par Lett. et Bill. à recev. p. la rem. p. s/c.	7	2	5600
					10100
		AVOIR			
Janv.	29	Par Divers, vendu à Degosse 20 bariq.	7	0	36000
Nov.	1	Par Balauce, p. ce qui reste en magasin.	31	8	16000
					52000
		AVOIR			
Fév.	12	Par Divers, p. la 1/2 payable à 3 mois.	12	0	15500

An 1808.					
		DOIT DURAND, DE BAYONNE.			
Mars.	5	A Change, ledit a négocé p. m/c. .	14	3	8500
		DOIV. EFFETS A LA GROSSE.			
Mars.	10	A Caisse, donné à Seguin à la gross. av.	14	1	25000
Nov.	1	A Profits et Pertes, p. solde et p. bén.	28	2	7500
					32500
		DOIT DUPERRON, DE BORD. M/C.			
Mars.	20	A lui-même, ledit a acheté p. m/c. .	15	6	25000
Nov.	1	A Profits et Pertes, p. solde et p. ben.	29	2	5000
					30000
		DOIT DUPERRON, DE BORDEAUX.			
Mai.	26	A lui-même, m/c, p. vente. . . .	22	6	30000
		DOIT DEBRIE.			
Mars.	28	A lui-même, s/c. à 1/2 p. sa 1/2 de l'ac	15	6	26250
Avril.	1	A Matières d'or et d'arg. à 1/2 p. sa 1/2 de l'achat.	16	3	17000
	5	A Caisse, p. s/t. à l'ach. de 2000 duc.	17	1	8000
	11	A Caisse, comp. audit p. s/t. . . .	19	1	10000
	12	A Caisse, p. son quart à l'achat. . .	19	1	17000
	19	A Caisse, compté audit p. son quart.	22	1	18375
Nov.	1	A Balance pour solde.	33	8	500
					97125
		DOIT DEBRIE, S/C. A DEMI.			
Mars.	30	A lui-même, s/c. c. p. sa 1/2 à la vente.	16	6	26500
		DOIT LEMOINE.			
Avril	5	A Caisse, p. s/t. à l'ach. de 2000 duc.	17	1	8000
	11	A Caisse, compté audit p. s/t. . .	19	1	10000
	12	A Caisse, p. son quart à l'achat. .	20	1	17000
	19	A Caisse, compté audit p. son quart.	22	1	18375
					53375

An 1808		AVOIR			
Nov.	1	Par Balance, pour solde.	31	8	8500

		AVOIR			
Mai.	15	Par Caisse, reçu p. capital et intérêts	22	1	32500

		AVOIR			
Mai.	26	Par lui-même, ledit a vendu p. m/c.	22	6	30000

		AVOIR			
Mars.	20	Par lui-même, m/c. p. achat. . .	15	6	25000
Nov.	1	Par Balance.	32	8	5000
					30000

		AVOIR			
Mars.	30	Par l/m., s/c. à 1/2 p. sa 1/2 à la vente.	15	6	26500
Avril.	3	Par Mat. d'or et d'arg. p. sa 1/2 la vente.	[illegible]	3	17250
	8	Par Caisse, reçu p. s/t. à l'achat. .	18	1	8000
	10	Par Mat. d'or et d'arg à. tiers p. s/t. à la vente.	18	3	10000
	14	Par Caisse, reçu p. son quart à l'achat.	20	1	17000
	16	Par Caisse, p. son quart à la vente.	21	1	18375
					97125

		AVOIR			
Mars.	28	Par lui-même, s/c. c. p. sa 1/2 à l'achat.	15	6	26250
	30	Par Mat. d'or et d'arg à 1/2 p. solde.			250
					26500

		AVOIR			
Avril.	8	Par Caisse, reçu p. s/t. à l'achat. .	18	1	8000
	10	Par Mat. d'or et d'arg à tiers p. s/t. à la vente	18	3	10000
	14	Par Caisse, reçu p. son quart à l'achat.	20	1	17000
	16	Par Caisse, p. son quart à la vente.	21	1	18375
					53375

An 1808.					
		DOIT PERRIER.			
Avril.	12	A Caisse, p. son quart à l'achat. .	20	1	10000
	19	A Caisse.compté audit pour son quart.	22	1	18375
Août.	12	A Caisse, p. sa moitié à l'achat. . .	26	1	16000
	24	A Marc. à 1/2 p. ma moitié à la vente.	26	7	20000
					71375
		DOIT ROGER, DE BORDEAUX.			
Juin.	6	A Commiss. acheté p. s/c. . . .	3	2	16320
		DOIT CARG. DU NAV. LE HOPE.			
Juin.	11	A Fortin, ledit a expédié p. m/c. .	23	7	80000
Nov.	1	A Profits et Pertes, p. bén. et p. solde.	29	2	20000
					100000
		DOIT FORTIN, DE BORDEAUX.			
Juin.	18	A Heiberg, p. sa traite sur ledit. .	24	7	40000
	20	A Caisse, p. ma remise audit. . .	24	1	35000
Nov.	1	A Balance, p. solde.	33	8	5000
					80000
		DOIT HEIBERG, D'AMSTERD.			
Juill	20	A Cargaison du nav. le Hope p. v. p. m/c.	25	7	100000
		DOIT DELAUNAY, DE BORD.			
Juill.	26	A Heiberg, p. sa traite sur ledit. .	25	7	13000
Nov.	1	A Balance, p. solde.	34	8	6500
					19500
		DOIV. MARC. EN PART. DE COMP.			
Août.	12	A Caisse, p. ma moitié à l'achat. .	26	1	16000
	24	A Pr. et Pert. p. la 1/2 de mon bén.	27	2	4000
					20000
		DOIT AUGER, S/C. A DEMI.			
Août.	28	A lui-même, p. ma 1/2 à l'achat. .	27	7	12000
Nov	1	A Profits et Pertes p. solde. . . .	29	2	500
					12500
		DOIT AUGER.			
Sept.	15	A lui-même, s/c. à 1/2 p. ma 1/2 à la v.	27	7	12500
		DOIT LAINE.			
Fév.	4	A Caisse, p. 12 balles achetées comp.	16	1	24000
Nov.	1	A Profits et Pertes p. solde. . . .	29	2	2400
					26400

An 1808.		AVOIR			
Avril.	14	Par Caisse, reçu p. son quart à l'achat.	20	1	17000
	16	Par Caisse, p. son quart à la vente. .	21	1	18375
Nov.	1	Par Balance, p. solde.	32	8	36000
					71375
		AVOIR			
Nov.	1	Par Balance, p. solde.	32	8	16320
		AVOIR			
Juill.	20	Par Heiberg, ledit a vendu p. m/c. .	25	7	100000
		AVOIR			
Juin.	11	Par Cargaison du navire le Hope. .	23	7	80000
		AVOIR			
Juin.	18	Par Fortin, p. traite sur ledit. . .	24	7	40000
	29	Par Caisse, négoc. 18000 flor. tir. sur led.	24	1	40000
Juill.	26	Par Delaunay, p. sa traite sur ledit.	25	7	13000
Nov.	1	Par Balance, p. solde.	32	8	7000
					100000
		AVOIR			
Juill.	10	Par Caisse, reçu p. s/c.	25	1	13000
	30	Par Caisse, p. ma traite sur ledit. .	26	1	6500
		A DEMI AVEC PER. AVOIR			19500
Août.	24	Par Perrier, p ma moitié à la vente.	26	7	20000
		AVOIR			
Sept.	15	Par lui-même, p. ma 1/2 à la vente.	27	7	12500
		AVOIR			
Août.	28	Par lui-même s/c. à 1/2 p. ma 1/2 à l'ac.	27	7	12000
Nov.	1	Par Balance, p. solde.	32	8	500
					12500
		AVOIR			
Fév.	10	Par Caisse, p. vente comp. de 12 balles.	11	1	26400

		DOIT BALANCE DE SORTIE.			
Nov.	1	A Caisse p. ce qui reste en espèces.	30	1	160660
		A Marc. génér. p. ce qui reste en mag.	30	1	2800
		A Lett. et Bill. à recev. p. effets restans en porte-feuille.	31	2	24000
		A Sucre, p. ce qui reste en magasin.	31	4	15000
		A Godson, p. som. dont il res. Débit.	31	4	1800
		A Leblanc, p. idem	31	4	200
		A Fournier, p. idem.	31	4	400
		A Ernest, p. idem.	31	5	4000
		A Leblond, de Mars., p. idem. .	31	5	7400
		A Coulon, de Bordeaux, p. idem.	31	5	3600
		A Durand, de Bayonne, p. idem. .	31	6	8500
		A Duperron, de Bord., p. idem. .	32	6	5000
		A Perrier, p. idem.	32	7	36000
		A Roger, de Bord., p. idem. . .	32	7	16320
		A Heiberg, d'Amsterd., p. idem. .	32	7	7000
		A Auger, p. idem.	32	7	500
		A Café, p. ce qui reste en magasin.	32	5	16000
					309180
		DOIT BALANCE D'ENTREE.			
Nov.	1	A divers.	35		309180

		AVOIR			
Nov.	1	Par Lett. et Bill. à payer p. eff. en circ.	32	2	12000
		Par Tollard, p. som. dont il reste Créd.	33	1	15680
		Par Stor, p. solde idem.	33	4	1600
		Par Sollet, idem.	33	4	600
		Par Froger, idem.	33	4	300
		Par Hacot, de Lyon, idem. . .	33	5	4000
		Par Germain, de Bayonne, idem.	33	5	10100
		Par Déprez, idem.	33	5	15500
		Par Debric, idem.	33	6	500
		Par Fortin, de Bordeaux, idem.	33	7	5000
		Par Delaunay, de Bordeaux, idem.	34	7	6500
		Par Capital, p. solde et p. Capital net.	32	4	237400
					309180
		AVOIR			
Nov.	1	Par divers.	34		309180

MÉTHODE THÉORIQUE ET PRATIQUE.

Observations, Démonstrations et applications des Principes.

Manière de trouver le Débiteur et le Créancier, et de passer les articles du Brouillard au Journal.

(1) Chaque article du Brouillard porte un numéro ; on le trouve sous ce même numéro au Journal et dans la Méthode afin de faciliter les recherches et l'instruction.

Lorsque l'on n'a point encore de livres, si l'on veut en établir, il faut dresser un inventaire ; pour y parvenir, il faut examiner l'argent en Caisse, les effets en Porte-feuille, les marchandises en magasin, les dettes actives et passives, ce que l'on possède en meubles, immeubles, &c.

Pour passer écriture au Journal de cette première situation, il faut se servir du compte de Capital. Ce compte marque les effets que le Chef ou le Négociant a en sa propriété, et le débit ce qu'il doit à l'encontre.

Il faut observer que le négociant, peut être représenté spécifiquement par toutes les portions de son actif, par la même raison, il peut être représenté génériquement par l'ensemble de ces mêmes parties.

Toutes les fois que l'on a action contre quelqu'un, on est actif à son égard, et conséquemment ce quelqu'un est passif. La cause devant précéder l'effet, l'actif doit précéder le passif. Les objets ayant une valeur, un prix, les dettes peuvent se contracter pour tout ce qui est vénal; et comme elles sont des êtres abstraits, elles peuvent représenter le négociant dans un sens figuré. Si l'on a plusieurs Débiteurs et Créanciers, on les comprend sous l'expression collective de dettes actives et passives. Ce principe reçu, celui qui veut particulariser ses comptes, peut l'étendre à tout ce qui compose son négoce, et s'il est représenté par ses dettes actives et passives, il peut l'être par tous les effets naturels, comme argent, marchandises, lettres et billets, &c., et le tout compose son actif et son passif.

Dans les différentes mutations, les choses qui en sont le sujet représentent activement et passivement le Négociant; par exemple, si ce Négociant achète des marchandises pour de l'argent, devenant actif pour cette marchandise, il devient passif par rapport à l'argent qu'il donne ; mais comme les deux extrêmes se neutralisent, il n'est Créancier ou Débiteur de lui-même, qu'en raison de la valeur que la marchandise aura au-dessus ou au-dessous de son prix. Ainsi, rapportant tout à ce principe que tout ce que nous avons ou devons à l'encontre est dette, on dira dans cette hypothèse : Marchandise doit à Caisse. La plupart des Négocians suppriment dans l'équation le mot *doit* et se contentent de le sous-entendre. Les objets abstraits, comme les Comptes de Commissions, Frais Généraux, Profits et Pertes, ne représentent point le Négociant ; ce sont des comptes inventés pour balancer la partie active ou passive qui y correspond. Ils n'expriment par leurs titres aucuns effets en nature, ni le nom d'aucune personne ; ils servent à faire voir au Chef ou Négociant les particularités de ses affaires, où personne n'a aucune part, comme son Fonds ou Capital, les Profits et les Pertes, la Dépense qu'il fait, les Provisions, les Assurances, tout ce qui peut augmenter ou diminuer Capital, ce qui le concerne individuellement.

Pour suivre l'usage, nous appellerons donc Capital, le compte qui représente l'actif et le passif du Négociant. Lorsque l'on commence des livres, il est indispensable d'ouvrir un compte à Capital, si l'on débute avec un moyen personnel ; dans le cas contraire on peut s'en passer ; mais il est utile d'ouvrir toujours un pareil compte, pour voir d'un coup-d'œil, sans recherche pénible quel étoit le moyen commercial primitif. On doit remarquer ici que si les parties représentent le Négociant, l'ensemble doit nécessairement le représenter, ce qui est fondé sur cet axiome : le tout doit suivre la loi de ses parties, et les parties doivent suivre la loi du tout. L'axiome suivant démontre en deux mots la Balance en parties doubles ; toutes les parties prises ensemble égalent le tout et le tout égale l'ensemble de ses parties.

Tenir les livres de compte à parties doubles, est une Science qui a pour objet de noter méthodiquement toutes sortes de négociations, afin d'en former des comptes par débit et crédit, par lesquels on puisse avoir en tout tems une parfaite connoissance de toutes les affaires que l'on a faites. On connoît par ces comptes ce que l'on nous doit et ce que nous devons, les effets de toute nature qui sont entrés et sortis ; ce qu'on a acheté, vendu, reçu et payé, retiré et envoyé ou fourni, tiré et remis, emprunté et prêté, perdu, gagné et dépensé ; les meubles et immeubles, les marchandises que l'on a, tant en ses mains qu'en celles d'autrui ; et généralement tous effets qui restent en nature, et qui appartiennent à celui pour qui les livres sont tenus. Cette méthode, pour être bien exécutée, exige trois choses, 1°. que l'on emploie les livres nécessaires, et que l'on observe dans chacun l'ordre qui lui convient. On se sert ordinairement de trois livres principaux, et de plusieurs livres particuliers ou d'aide que l'on nomme livres auxiliaires, et que l'on admet selon que le saffaires le requièrent. Les trois livres principaux sont : 1°. le Mémorial ou Brouillard, 2°. le Journal, 3°. le Grand-livre ou l'Extrait, appelé aussi Livre de raison, avec son Alphabet ou Répertoire. Les livres auxiliaires sont le livre de Caisse, le livre des Échéances ou des Payemens à faire et à recevoir, lequel peut aussi comprendre les Acceptations, le livre des Numéros, celui des Factures, celui des Comptes Courans, celui des Commissions, Ordres et Avis ; le livre des Acceptations, si l'on veut le tenir séparément ; le livre des Traites et Remises, celui des Dépenses, celui des Copies de Lettres, celui des Ouvriers, le livre de Banque, lorsqu'il y en a, le livre des Vaisseaux et autres, selon le besoin et les affaires. Les trois livres principaux, sont ordinairement employés par tous les Négocians, mais à l'égard de ceux d'aide ou auxiliaires, chacun n'en emploie qu'autant que ses affaires le requièrent : ainsi le Marchand se sert de quelques-uns, comme celui de numéro et celui des Ouvriers dont le Banquier n'a pas besoin ; et de même celui qui fait la Banque, en emploie qui sont inutiles à celui qui ne fait que le Commerce des Marchandises.

Le Mémorial ou Brouillard étoit appelé par les Romains *adversaria* ; le nom de ce Livre fait connoître que son emploi est de servir de mémoire ; ainsi l'on y note généralement toutes les affaires dans l'instant et à mesure qu'elles se font ; on doit les écrire le plus proprement qu'il est possible, c'est-à-dire, sans ratures, ni radiations ; car en cas de différent, c'est d'ordinaire à ce livre qu'on s'en rapporte, lorsque le Livre-journal paroît équivoque, parce qu'il est l'origine des autres livres. On s'en rapporte aussi au Brouillard quand il n'existe point de Journal ; mais comme ce premier Livre ne peut point être tenu aussi proprement qu'on le desire, il faut, s'il y a un Journal, représenter l'un et l'autre, pour mieux justifier de ses prétentions.

On peut s'en servir de deux manières : 1°. d'un Mémorial entier qui contienne généralement toutes les affaires, 2°. d'un Mémorial divisé en plusieurs parties. On peut distinguer deux méthodes pour tenir le Mémorial ; la première en forme de Mémoires, en notant simplement les négociations, les articles, comme acheté de Durand, vendu à Fournier, telle chose ; payé à Gourlier, ou reçu de Pernot, pour telle chose, &c., afin de dresser sur ce Mémorial un Journal en forme. La seconde méthode est de le tenir régulièrement en forme de Journal, en débitant et créditant ceux qui doivent l'être, et observant l'ordre prescrit pour le Journal. Ce dernier Mémorial est plus commode que le premier, soit pour en faire un Journal au net, car alors il n'y a qu'à en faire copier les articles ; soit pour s'en servir au lieu de Journal, comme font plusieurs, qui, par ce moyen, s'exemptent de le faire transcrire au net; ce dernier procédé est très-incorrect, parce qu'il est plein de ratures et de radiations qui brouillent les idées, de sorte que le Négociant lui-même peut à peine se reconnoître au bout d'un certain tems. Les Romains en sentirent l'inconvénient, et ils le rejetoient comme n'étant pas le livre prescrit par la loi ; ils n'admettoient que ce *codex* que nous appelons Journal.

Le Journal se nomme ainsi parce que l'on y écrit jour par jour les affaires que l'on fait. On ne peut dire que ce Livre soit la base et le fondement des autres livres, il n'est que la conséquence, le résultat des livres auxiliaires qui présentent les données, et le Grand-Livre est l'extrait du Journal.

C'est à la vérité du Journal que dépend l'ordre absolument nécessaire à un Négociant qui veut connoître ses affaires et les bien conduire, puisqu'il est vrai qu'il présente toute la collection de ses opérations, il est donc indispensable de le tenir exactement et d'y observer les principes que nous démontrons et les règles que nous prescrivons. La bonne comptabilité est la boussole du Banquier et du Négociant.

La forme ordinaire du Journal est un in-folio, réglé d'une ligne à la marge et de trois à l'endroit où l'on doit porter les sommes. Il doit être tenu proprement; le style doit être concis et clair, n'omettant aucune circonstance nécessaire et évitant l'inutile; on doit écrire, lorsqu'il n'y a pas de Brouillard, les articles à mesure qu'ils arrivent, en débitant ceux qui doivent, et créditant ceux à qui il est dû, afin d'indiquer ceux qu'il faut débiter ou créditer dans le Grand-Livre.

Comme chaque article que l'on veut écrire dans le Journal doit contenir un Débiteur et un Créancier, on observera pour les trouver les maximes suivantes :

Tout ce qui est ma propriété doit;

Tout ce qui sort de ma propriété est créancier.

Celui à qui ou pour compte de qui on paie, ou envoie, on fournit, ou on remet, est Débiteur.

Celui de qui, ou pour compte de qui on reçoit, qui envoie, qui fournit ou qui remet est Créancier.

On indique les principes suivans pour former les articles dans le Journal, ils doivent être composés de huit parties ; savoir : 1°. la date, 2°. le Débiteur, 3°. le Créancier, 4°. la somme, 5°. la quantité et la qualité, 6°. l'action et comment payable, 7°. le prix, 8°. la livraison. Dans tous les articles les quatre premières parties sont invariables, mais pour les achats et ventes, il vaut mieux mettre la sixième partie qui est l'action et comment payable à la cinquième place, et la cinquième partie, qui est la quantité et la qualité à la sixième place, à cause des factures qui composent ordinairement la quantité, lesquelles factures sont ainsi placées plus commodément. La méthode pour former les articles dans le Journal peut être ainsi établie : 1°. on portera la date dans la place qui lui est destinée, 2°. on cherchera le Débiteur, en examinant ce qui est la propriété active, et on le posera au commencement de l'article, 3°. on cherchera le Créancier, en examinant ce qui est la propriété passive.

A un article où il n'entre rien, on examinera ce qui sort, et ce sera le Créancier, et celui qui reçoit ce qui sort, sera le Débiteur.

A un article où il ne sort aucun objet du commerce, il faut examiner ce qui entre, et ce sera le Débiteur ; et celui qui fournit la chose qui entre, sera le Créancier, 4°. après le Créancier, on posera la somme à laquelle monte l'article, 5°. on expliquera ce qu'on a fait ou la nature de l'action, comme acheté ou vendu, tiré, remis, prêté, emprunté, escompté, négocié, &c., quand ou comment l'article est payable, 6°. on portera au commencement d'une nouvelle ligne la quantité et la qualité.

Nota. Quelque soit le mode d'écriture qu'un Négociant ait adopté, il faut lorsqu'il a des Livres auxiliaires, ne présenter sur le Journal que les principales circonstances, surtout lorsqu'il est question de vente ou d'achat ; ne point oublier d'énoncer si la livraison lui a été faite, ou s'il a donné la marchandise, ou bien encore, quand l'un ou l'autre devra se faire ; si l'on n'a pas de Livres auxiliaires, il faut, dans l'article que l'on passe, entrer dans tous les détails que comporteroit un Livre *ad hoc*.

7°. On portera le prix au bout de la ligne, près de la somme totale, laquelle on tire ensuite dans les lignes.

Pour l'application de ces règles, nous allons donner un exemple de notre Journal (N°. 4).

Exemple d'une vente de Marchandises qui nous ont été payées comptant :

1. La date.	Le 6 Janvier 1808.
2. Le Débiteur.	Caisse doit.
3. Le Créancier.	A Sucre.
4. La Somme	Fr. = 24000.
5. L'action et com. payable.	Vendu comptant à Lemoine.
6. La Livraison.	Et livré.
7. La Quantité et Qualité. .	10 Bariques, Sucre de Hambourg, pesant net 15000 *liv.*
8. Le prix.	A 160 fr. le o/o

On a coutume, pour abréger, de retrancher de la deuxième partie le mot *doit,* parce qu'en disant *Caisse à Sucre,* le mot *doit* est sous-entendu ; on pourroit encore supprimer entièrement la quatrième partie qui exprime seulement la somme, parce qu'étant tirée en ligne à la fin de l'article, il n'est pas tout-à-fait nécessaire de la mettre encore à la quatrième partie ; cependant il est d'usage de le faire, parce qu'un chiffre peut être mal formé dans la première, ou porté d'une manière erronée ; dans le premier cas, la somme régulière explique la somme irrégulière, et dans le second, la disparité des sommes rappelle l'attention du Teneur de Livres.

Par rapport aux Lettres de Change, les quatre premières parties suivent toujours les principes, et se mettent toujours dans l'ordre marqué. La cinquième partie qui est la quantité et la qualité, est la somme des espèces portées par la Lettre de Change, et le prix de ces espèces, s'il est exprimé dans la Lettre ; si non, on le met à la septième partie. Pour la sixième partie qui est l'*action et comment payable,* on marque : aux traites, sur qui on tire, quel jour, quand et à qui payable, et en quoi est la valeur ; aux remises, on indique en Lettres de qui l'on remet, de quel jour, quand payables et sur qui. La septième partie est le prix du Change, s'il n'est pas exprimé dans la Lettre ; car lorsqu'il l'est, il se trouve à la cinquième partie. Aux articles d'affaires étrangères, pour notre compte, il faut, après la dernière partie, mettre la somme de la monnoie étrangère à laquelle ils montent.

On doit observer que dans le Journal, l'entrée et la sortie des effets forment quatre sortes d'articles; 1°. ou il entre et sort quelque chose comme lorsqu'on achète des Marchandises, et qu'on les paye comptant; car alors il entre des Marchandises et il sort de l'argent; ainsi dans ce cas, ce qui entre *doit*, et ce qui sort est Créancier; et on dit: *Marchandises générales doivent à Caisse*; 2°. ou il entre quelque chose et ne sort rien, comme lorsque l'on achète des Marchandises à terme, ou que l'on reçoit payement de quelqu'un, alors ce qui entre *doit*, et celui qui fournit ou qui paye ce qui entre, est Créancier; on dit au Journal : *Marchandises générales à tel, et Caisse à tel*; 3°. ou il n'entre rien et sort quelque chose, comme quand on vend des Marchandises à terme, ou quand on paye à quelqu'un; dans ce cas, ce qui sort ou ce que l'on paye est Créancier, et celui qui reçoit ce qui sort est Débiteur; 4°. ou il n'entre rien et ne sort rien, comme lorsqu'un Correspondant tire pour mon compte sur un autre, ou qu'il lui remet; alors celui qui reçoit pour moi, est Débiteur, et celui qui fournit pour mon compte est Créancier. Dans ce dernier cas il n'entre aucun effet directement chez moi, et il ne sort rien ; cependant, comme celui à qui l'on remet reçoit un effet qu'il doit tenir à ma disposition, et qui par conséquent entre dans ma propriété, et que celui qui remet envoie un effet qui sort de sa propriété pour la faire passer dans la mienne, il devient Créancier ; ainsi, en appliquant ces principes, qu'il y a propriété active et passive ; celui qui reçoit pour moi est Débiteur de ce qui entre sous lui, et celui qui l'envoie est Créancier de ce qu'il fournit.

C'est une règle constante qu'une chose entrée dans ma propriété sous une dénomination, doit en sortir sous la même dénomination ; ce qui est nécessaire, afin que l'on puisse déterminer la situation de chaque Compte, et le solder. Comme dans les affaires ordinaires de Négoce, il ne peut entrer et sortir que trois sortes d'effets, qui sont Argent comptant, Marchandises et Papiers de crédit, et que chacun de ces effets a un Compte particulier ; il s'en suit que, lorsqu'un de ces effets entre, le Compte qui le représente en est Débiteur, et le sujet qui le produit est Créancier ; et que, lorsqu'il sort quelqu'un de ces effets, le Compte qui le représente en est Créancier, et le sujet pour qui on le fournit est Débiteur ; car c'est une règle générale, que pour chaque effet qui entre, on en débite, ou l'on en charge quelque compte, lequel en doit être déchargé ou crédité lors de la sortie; parce que les choses qui sont le sujet des différentes mutations représentent activement et passivement le Négociant.

Ainsi s'il entre de l'Argent, la Caisse qui est le Compte ouvert pour l'Argent comptant est Débitrice, et s'il en sort, elle est Créditrice. S'il entre des Marchandises, elles *doivent*; et s'il en sort, elles sont Créancières. S'il entre des Lettres et Billets de Change que je garde à ma disposition, le compte de Change *doit*, et s'il en sort, il est Créancier.

L'application des principes ci-dessus est facile à entendre en comparant les articles correspondants du Journal et du Brouillard qui portent le même numéro, ainsi que les observations de la Méthode pratique. Ce procédé servira à les démontrer; en s'exerçant à passer les articles du Brouillard au Journal, on se perfectionnera dans la science de la Tenue des Livres, et l'on apprendra à bien établir la Comptabilité.

Dans le premier article du Journal, nous créditons Capital ou le Chef de ce qu'il possède, et nous débitons le Compte ouvert à chaque effet qu'il a en sa propriété; cet article indique l'Actif du Négociant.

Dans le second article du Journal, nous débitons

Capital ou le Chef du montant des effets qu'il a acceptés, ce qui indique son Passif.

Total Actif.	. . .	203800 f.
Total Passif.	. .	5600
Capital net.	. . .	198200

(2) L'article sous ce numéro représente un Achat comptant, on débite la Marchandise que l'on reçoit à Caisse qui donne ; voulant ouvrir un Compte particulier à Sucre, je l'ai débité par le crédit de Caisse.

(3) Pour un Achat à Terme, je débite la Marchandise que je reçois en créditant celui qui me l'a livrée, parce que je lui en dois le montant.

(4) Je crédite la Marchandise par le débit de Caisse, lorsque je vends comptant, parce que je reçois de l'argent et que je donne de la marchandise, suivant ce principe : le Compte qui reçoit doit à celui qui donne.

(5) Vendant à 3 mois, je débite celui qui achète en créditant la Marchandise qui sort de ma propriété.

(6) Je reçois de l'argent, je débite la Caisse qui reçoit en créditant celui qui me le donne.

(7) Joly m'a payé 500 francs pour compte de Froger; je débite Caisse en créditant celui pour compte de

qui j'ai reçu , parce que c'est lui qui fournit la valeur ; Joly n'est ici qu'un être passif.

(8) J'ai compté 200 francs à Leblanc ; je *débite* celui qui reçoit en *créditant* la Caisse qui donne. Je porte cet article au Grand-Livre, au Débit de Leblanc et au Crédit de Caisse. Il en est de même pour chaque article du Journal que l'on porte au Grand-Livre au Débit du compte ouvert au Débiteur et au Crédit du compte qui est crédité, de sorte que dans la partie double un même article se trouve porté deux fois au Grand-Livre. Le Débit de Caisse nous indique l'argent qui entre, et le Crédit celui qui sort.

(9) J'ai compté 400 francs à Tourlet pour compte de Fournier ; Tourlet n'est ici qu'un être passif, je *débite* celui pour compte de qui il reçoit par le Crédit de Caisse qui fournit la valeur.

(10) Hacot, de Lyon, a reçu 8000 francs d'Ernest de Bordeaux qui lui a payé cette somme pour mon compte ; il faut ici *créditer* Ernest du montant de la valeur qu'il a fournie pour moi, et *débiter* Hacot qui l'a reçu et qui est censé la recevoir de moi, puisque j'en tiens compte à Ernest.

(11) Hacot, de Lyon, a payé pour mon compte 12000 francs à Bovard, de Marseille, je *débite* Bovard qui a reçu et je crédite celui qui lui a donné pour moi.

(12) Bovard, de Marseille, a payé pour mon compte à Ernest, de Bordeaux ; ce dernier a reçu, donc il est Débiteur ; le premier a fourni pour moi la valeur de 12000 francs, il sera donc Créditeur. Ernest est censé recevoir de moi cette valeur, puisque j'en crédite Bovard.

(13) On distingue différentes actions pour les traites et remises : 1ère, action ; je tire sur mon Correspondant pour mon compte, ici je tire sur Laurin 6000 francs, je négocie ma traite au pair ; je débite Caisse qui en reçoit le montant, et je crédite Laurin sur qui j'ai tiré et qui doit en fournir la valeur à l'échéance.

(14) 2e. Action ; je tire sur mon correspondant pour compte d'un autre, ici je tire sur Laurin, de Rouen pour compte de Jourdan, de Lyon, je négocie ma traite au pair, je débite Caisse qui en reçoit le montant, et je crédite Jourdan de Lyon, parce que la traite est faite pour son compte, parce qu'il en fournit la valeur et que Laurin n'est ici qu'un être passif.

(15) 3e. Action ; mon Correspondant tire sur moi pour son compte, et j'accepte sa traite, il est censé

en avoir reçu la valeur, il l'a passée dans le Commerce; donc il est débiteur; j'ai donné ma signature et mon engagement; je dois donc créditer Lettres et Billets à payer, parce que j'ai mis mon effet en circulation; c'est la sortie de Lettres et Billets à payer; je débiterai ce compte, lorsque mon effet me rentrera et que je l'acquitterai.

(16) 4e. Action; mon Correspondant tire sur moi pour compte d'une autre, j'accepte la traite; et je débite celui pour compte de qui l'on a tiré, parce qu'il est censé en avoir reçu la valeur; en acceptant j'ai donné ma signature et mon engagement, je dois donc créditer Lettres et Billets à payer, pour exprimer la sortie de mon effet. Ici Laurin est un être passif, parce qu'il agit pour compte d'un autre.

(17) 5e. Action; lorsque je fais une remise à mon correspondant pour mon compte, je le débite du montant de la valeur qu'il reçoit, et ayant acheté cette Lettre de Change au pair, je crédite la Caisse qui a donné.

Nota. Pour chaque article, voyez le Journal sous le même numéro, afin d'apprendre à connoître la formule ou la manière de passer les écritures au Journal.

(18) 6e. Action; j'ai fait une remise à Jourdan

de Lyon pour compte de Coulon de Bordeaux ; c'est ce dernier que je débite, parce qu'il en recevra la valeur, et que Jourdan qui est ici un être passif reçoit pour son compte ; j'ai acheté cette remise au pair, j'en crédite la Caisse pour l'argent donné.

(19) 7°. Action ; mon Correspondant me fait une remise pour son propre compte, je dois donc le créditer de la valeur qu'il me fournit, et je débite en même tems Lettres et Billets à recevoir pour l'effet qui entre en mon porte-feuille. Le crédit de ce compte marque la sortie des Effets.

(20) 8°. Action ; mon Correspondant me fait une remise pour le compte d'un autre, je crédite celui pour qui il m'a fourni une valeur, du montant de la remise, parce qu'il est censé donner et que l'autre n'est qu'un être passif ; et pour l'effet entrant en porte-feuille, je débite Lettres et Billets à recevoir.

(21) Lorsque j'achète moitié comptant et moitié en mon effet à usance, je débite la marchandise qui entre ou que je reçois, et je crédite la Caisse pour l'argent donné et Lettres et Billets à payer pour mon effet à Usance que j'ai remis au vendeur et passé à son ordre.

(22) Je vends du Café à Degosse, payable un

tiers comptant et les deux tiers en son effet à Usance, je débite Caisse pour le tiers reçu comptant et en même tems Lettres et Billets à recevoir pour les deux tiers reçus en son effet à Usance, et je crédite Café pour la marchandise qui sort ; et comme il y a deux Débiteurs, je dis : *divers à Café* &c. . . ou les *suivans doivent à Café* &c. . .

(23) J'ai vendu comptant des marchandises qui se trouvoient portées dans l'inventaire et dont j'avais crédité Capital ; je débite ici Caisse de l'argent reçu, et je crédite le compte de Marchandises générales pour celles que j'ai vendues et livrées.

(24) J'encaisse le montant d'une remise de Laroque, de Bordeaux, je débite Caisse de l'argent reçu, et je crédite Lettres et Billets à recevoir pour la sortie du porte-feuille qui est représenté par ce compte.

(25) Un effet à payer me rentre, je l'acquitte, je débite le compte de Lettres et Billets à payer pour la rentrée de mon effet, et je crédite la Caisse qui en a compté la valeur.

(26) J'ai reçu le montant d'une remise, je débite Caisse de l'argent reçu, et je crédite Lettres et Billets à recevoir pour la sortie du porte-feuille, pour l'effet que je donne.

(27) (28) Je débite Lettres et Billets à payer pour l'effet qui me rentre et que j'acquitte, et je crédite la Caisse qui en a compté la valeur.

(29) (30) Je débite Caisse de l'argent reçu, et je crédite le compte de Lettres et Billets à recevoir pour la sortie du porte-feuille.

(31) J'ai acheté comptant diverses marchandises, voulant ouvrir un compte à chaque espèce, afin de connoître le bénifice ou la perte sur chacune, je débite Vins, Laine, Sucre pour ce que je reçois; je porte au débit de marchandise ce qu'elle coûte, et au crédit ce qu'elle produit, afin de solder chaque compte par profits et pertes; je crédite ici Caisse pour l'argent compté, et je dis: divers à Caisse ou les suivans à Caisse, &c. . . .

(32) Je vends comptant diverses marchandises, je crédite chaque compte qui donne pour l'objet sorti, et je débite la Caisse qui en reçoit le montant, pour l'entrée de l'argent.

(33) J'ai acheté de Desprez, moitié comptant, moitié à trois mois, diverses marchandises, je débite chaque compte qui reçoit pour la marchandise reçue, et je crédite chaque compte qui donne, Caisse pour l'argent donné, pour la moitié payée comptant, et Desprez pour l'autre moitié payable à trois mois, pour

les marchandises qu'il m'a livrées ; et comme il y a divers Débiteurs et divers Créditeurs, je dis : divers à divers, &c.

(54) J'escompte un effet de 10000 francs par Desforges, cette lettre perdant 2 pour cent, je retiens deux cents francs, et je ne compte que 9800 francs en espèce ; je fais un bénifice de 200 francs, puisque je recevrai 10000 francs à l'échéance ; on est convenu dans la partie double d'ouvrir un compte pour les profits ou les pertes que nous faisons dans le Commerce, le débit de ce compte représente nos pertes et le crédit nos bénéfices ; il en est de même pour les comptes qui sont des branches ou subdivisions de celui de profits et pertes ; par exemple, 1°. celui de Frais Généraux, 2°. de Dépenses, 3°. d'Assurances, 4°. de Commissions, 5°. d'intérêts, 7°. de Change, d'Escompte, Jeu, Rentes, 8°. celui de Succession. Outre ces comptes, on peut encore en ouvrir d'autres qui ne sont autre chose que des distinctions établies entre les différentes natures de bénifices ou de pertes que l'on peut faire, parce que l'on veut en voir le produit particulier, lorsqu'on fait un grand nombre d'affaires relatives à chacun de ces comptes ; on passe tous ces articles par profits et pertes, lorsqu'on ne veut point ouvrir ces comptes particuliers. Ici j'ouvre un compte d'Escompte, je le crédite, par ce que nous faisons un bénifice ; en même tems je

crédite la Caisse pour l'argent que je donne, et je débite Lettres et Billets à recevoir du montant de l'effet qui entre en porte-feuille.

On doit observer que les comptes qui sont des Subdivisions de celui de profits et pertes se soldent par ce dernier compte, c'est-à-dire, que l'on en porte le résultat définitif au débit ou au crédit de profits et pertes.

(35) Je négocie un effet de 10000 francs que j'avais en porte-feuille, à 2 pour cent perte, je débite Caisse de l'argent que je reçois, et Escompte de la perte que je fais à cette négociation, et je crédite Lettres et Billets à recevoir pour l'effet que je donne. J'ouvre ici un compte à Escompte, afin de connoître les pertes ou les bénifices que je fais en ce genre d'opérations.

(36) J'ai reçu de Breton 2000 francs, pour prime d'assurance au montant de 20000 francs de marchandises, &c... Je débite Caisse de l'argent reçu, et je crédite Assurances du montant de la prime. J'ouvre un compte à Assurances pour connoître mes bénifices ou mes pertes en ce genre d'affaires, le crédit de ce compte marque mes bénéfices pour les primes que j'ai reçues, et le débit indique les pertes pour le montant des sommes assurées et que j'ai remboursées. On solde ce compte par profits et pertes

(37) J'ai pris une Lettre de Change sur Hambourg, montant à 4000 marcs, j'ouvre un compte à Change pour ce genre de Commerce, je le débite du prix coûtant, et je crédite la Caisse de la somme déboursée. Lorsque la Lettre sera négociée, je créditerai le compte de Change du produit.

(38) J'ai compté pour frais et dépenses 1200 francs, je crédite la Caisse de la somme déboursée dont je débite en même tems le compte de Dépenses générales qui est une branche de celui de Profits et pertes, et que l'on solde par ce dernier compte.

(39) J'ai compté 3400 francs pour frais de ménage, j'en crédite la Caisse, et j'en débite le compte intitulé: Dépenses domestiques qui est une branche de celui de Profits et Pertes.

(40) Durand, de Bayonne, a négocié 4000 marcs pour mon compte, je le débite du net produit de la négociation qu'il reçoit, et j'en crédite le compte de Change qui a été débité du coût et que je solderai Par profits et Pertes.

(41) J'ai donné 25000 francs à la grosse aventure à 30 pour cent d'intérêt, je débite le compte d'Effets à la grosse du coût total pour celui que je reçois de Séguin, et je crédite Caisse de la somme donnée.

(42) J'ai compté à Breton 20000 francs que je lui

avais assurés, je crédite Caisse de la somme payée dont je débite le compte d'Assurances qui est une branche de celui de Profits et pertes.

(43) Mon Correspondant achète pour mon compte des marchandises, j'ouvre un compte intitulé : *Tel mon compte*, ou ce qui signifie la même chose, *Marchandises chez un tel pour mon compte*, la première désignation est plus abrégée ; lorsque je reçois avis de l'achat, je débite le compte ci-dessus du prix coûtant, et lorsque mon Correspondant m'envoie le compte de vente, je le crédite du produit, et je le solderai par Profits et pertes, parce qu'il est susceptible de bénéfice ou de perte, la marchandise étant achetée et vendue pour mon compte. Je crédite mon Correspondant du montant de l'achat qu'il a fait pour moi, je dis à lui-même pour éviter la répétition de son nom.

(44) Je présente sous ce numéro la première Méthode pour l'achat et la vente des marchandises en participation, dont je suis Directeur ; achetant comptant, je débite ce compte du montant de l'achat. Voulant désigner plus particuliérement la marchandise en participation, j'ai débité Matières d'or et d'argent de compte à demi avec Debrie, en créditant la Caisse qui en a payé la valeur. Comme je suis ici Directeur, je passe écriture pour la part de mon

Associé, dont je le débite en son compte courant, en créditant lui-même son compte à demi ; ce dernier compte sert à établir la comptabilité des affaires en participation pour ma direction ; lorsque tout est terminé, on le solde par Marchandises en participation. Principe général ; pour l'achat, je débite mon Associé à Lui-même son compte en compagnie, et pour la vente je débite le compte en compagnie en créditant mon Associé.

(45) Vendant comptant, je débite la Caisse en créditant Marchandises en participation du montant de la vente. Je passe un second article pour la part de mon Associé dont je débite Tel son compte à demi par le crédit de Lui-même son compte courant.

Pour solder le compte de Marchandises en participation, je débite ce compte à Divers pour bénéfice, savoir : à mon Associé son compte en compagnie pour sa moitié du bénéfice à la vente, et à Profits et pertes pour ma moitié dudit bénéfice ; c'est-à-dire, que je crédite ces deux derniers comptes.

(46) J'emploie ici la seconde Méthode pour passer écriture des achats et ventes des marchandises en participation dont je suis Directeur. Je crédite la Caisse du montant de l'achat fait au comptant dont je débite le compte de Marchandises en participation. Je débite ensuite mon Associé son compte courant en créditant, c'est-à-dire, en déchargeant le compte de Marchandises en participation de la moitié de l'achat pour en charger l'Associé.

(47) Vendant comptant, je débite la Caisse de l'argent reçu pour la totalité de la vente dont je crédite le compte de Marchandises en participation. Je passe ensuite un second article en débitant le compte de Marchandises en société à Divers, savoir: à tel mon Associé son compte courant pour sa moitié à la vente; et à Profits et pertes pour ma moitié du bénéfice total, que l'on trouve en retranchant le débit du crédit du compte de Marchandises.

(48) Je dirige l'achat et la vente dans cet article qui est passé par la troisième Méthode. On débite divers, chacun pour sa part, en créditant la Caisse; le compte ouvert à Marchandises en participation à tiers me représente, je le débite de ma part et chaque Associé de la sienne, et je crédite Caisse qui paye, du montant total de l'achat.

(49) J'ai reçu de chaque Associé 8000 francs pour leur tiers de l'achat; je débite Caisse de 16000 francs, en créditant chacun de la somme qu'il a payée.

(50) Vendant comptant de compte à tiers, je débite la Caisse qui a reçu en créditant le compte de Marchandises en participation du montant total de la vente; je solde ensuite ce compte, comme à la

deuxième Méthode ; je le débite à Divers, en créditant chaque Associé pour son tiers à la vente, et Profits et pertes pour le tiers de mon bénéfice.

(51) J'ai compté 10000 francs à chaque Associé pour son tiers au net provenu, je débite chacun de la somme qu'il reçoit, en créditant la Caisse qui a donné.

(52) Je dirige l'achat et la vente, j'ai acheté comptant de compte à quart avec Debrie, Lemoine et Perrier; je passe cet article par la quatrième Méthode, en créditant la Caisse du montant total de l'achat et en débitant chaque Associé pour son quart et le compte de Marchandises en participation pour ma part.

(53) J'ai reçu de chacun de mes Associés pour leur quart à l'achat 17000 francs. Je débite Caisse de la somme qu'elle reçoit en créditant chaque Associé de la somme qu'il donne.

(54) J'ai vendu comptant de compte à quart avec Debrie, Lemoine et Perrier, diverses marchandises, je débite la caisse du montant total de la vente qu'elle a reçu, je crédite chaque Associé pour son quart à la vente et le compte de Marchandises en participation pour le mien. On a vu que ce dernier Compte a été débité de mon quart pour l'achat et crédité de mon quart au net provenu, il sera facile de le solder par Profits et pertes, en retranchant la plus petite somme de la plus grande. L'excédant du crédit sur le débit indique le bénéfice ; si au contraire le débit surpassoit le crédit, cet excédant indiqueroit la perte que nous avons faite. Ici j'ai fait un profit de 1375 fr. j'en débite le compte de Marchandises en participation en créditant le Compte de Profits et Pertes.

(55) J'ai compté 18375 fr. à chaque associé pour son quart au net provenu, je crédite Caisse de la somme payée, en débitant chaque assosié de la somme qu'il reçoit ; d'aprés ce principe que le Compte qui reçoit doit à celui qui donne.

(56) J'ai reçu de Seguin 32500 fr. pour Capital et intérêts de 25000 fr. à lui donnés à la Grosse aventure à 30 p. o/o ; Je débite Caisse de la somme reçue par le crédit du Compte d'Effets à la Grosse que j'avois débité le 10 Mars de la somme déboursée et queje solderai par profits et pertes, pour mon bénéfice montant à 7500 fr.

(57) Mon Correspondant m'envoie le Compte de la vente qu'il a faite pour moi, je le débite du net produit en créditant Lui-même mon compte, c'est-à-dire, Marchandises chez lui ou entre ses mains pour mon compte. Par exemple, ici j'aurois pu dire: Duperron de Bordeaux à Marchandises chez Lui-même ou sous Lui-même pour mon compte, on à Marchandises entre ses mains p. m/c ; Je passe écriture de cet article le plus briévement possible, dans mon Journal, en disant : Duperron à Lui-même m/c, ce qui signifie la même chose. La Marchandise chez lui a été débitée de ce qu'elle a coûté pour l'achat, (*Voyez* n°. 43,) et elle est créditée de ce qu'elle produit par la vente ; on peut donc solder ce compte par Profits et pertes.

(58) J'ai vendu comptant pour compte de mon Correspondant ou par Commission dix bariques café, je débite Caisse de la somme reçue et je crédite le compte de Commission du produit total.

Mais comme nous vendons pour compte d'un Correspondant ; nous créditons par un second article ce Correspondant du net provenu, commision et frais déduits, en débitant le compte de Commission. On voit que ce dernier Compte étant débité de ce que je dois rendre et payer à mon Correspondant, tous frais déduits, et ayant été crédité du produit total, l'excédant du crédit sur le débit doit indiquer mon bénéfice. On pourroit ouvrir un compte intitulé : *Marchandise par Commission ou pour compte de tel*, que l'on débiteroit ou que l'on créditeroit d'après les mêmes principes. On peut même désigner la Marchandise ; par exemple : *Café pour compte de tel.* On passe les écritures plus briévement en ouvrant le compte général de Commission pour toutes affaires de ce genre ; on évite ainsi d'ouvrir un grand nombre de Comptes particuliers ; cette méthode peut être avantageuse à une maison de Commission qui fait beaucoup d'affaires et servira à abréger les écritures.

Voici une autre manière de porter au Journal une vente par Commission ou pour compte d'autrui. Je dirois :

Caisse à Divers 16000 francs, vendu comptant, pour compte de Tollard de Marseille 10 bariques Café pesant net 8000 livres à 2 fr. la livre, la commission à 2 p. o/o ; savoir :

	fr.
à Tollard de Marseille 15680 fr, pour le montant du net provenu que Je dois lui remettre.	15680
À Commission 320 fr. pour celle à 2 pour o/o que j'ai retenue.	320
	16000

On voit dans cette dernière méthode que le compte de Caisse est débité de la somme totale reçue pour le produit de la vente, que mon Correspondant n'est crédité que de son net provenu, et que le Compte de Commission est crédité de celle que j'ai retenue. Dans la premiere méthode ci-dessus, l'excédant du crédit de Commission est aussi de 320 francs. Ce Compte se solde par Profits et pertes.

(59) J'ai acheté comptant pour compte de mon Correspondant, ou par commission 10 bariques sucre, je charge le compte de Commission, c'est-à-dire je débite ce compte de la somme payée par la Caisse que je crédite, parce qu'elle a fourni cette valeur.

Ensuite par un second article je débite mon Correspondant en créditant le compte de Commission, non-seulement de la somme déboursée par la Caisse, mais encore du montant de ma commission à 2 p. o/o sur ladite somme, de sorte que dans cette méthode l'excédant du crédit de Commission indique toujours mon bénéfice ou celle qui m'a été allouée pour l'achat.

On auroit pu dire ici d'après le même principe : *Marchandises pour compte de Roger de Bordeaux, à Caisse* 16000 fr. acheté comptant, &c. ;

Et pour le second article : *Roger de Bordeaux à Marchandises pour compte de Lui-même* 16320 fr. pour l'achat ci-dessus, &c.

Voici une autre manière de passer au Journal un achat par Commission :

Roger de Bordeaux à Divers, 16320 fr. acheté comptant pour compte dudit, 10 bariques sucre, pesant net 8000 livres à 2 francs la livre, la commission à 2 p. o/o ; savoir ;

A Caisse, 16000 fr. pour la somme que j'ai comptée en argent , ... 16000 fr.

à Commission, 320 fr. pour celleà 2 p. o/o que j'ajoute. 320

16320

On voit que dans cette méthode mon Correspondant est chargé ou débité de la somme déboursée, plus de la commission, à tant pour cent sur la dite somme, que le compte de Caisse est crédité de la somme payée, et que l'on porte au crédit de Commission le montant de celle à 2 p. o/o qui nous est allouée, sur l'achat. Dans la première méthode, l'excédant du crédit de Commission indique le même bénéfice, de sorte que le résultat est le même par l'une ou par l'autre méthode. Ce Compte se solde par Profits et Pertes dont il est une subdivision.

(60) Mon Correspondant a expédié pour mon compte un navire chargé de marchandises ; j'ouvre un compte intitulé : *Cargaison de tel navire*, je le débite de la valeur des marchandises en créditant le correspondant qui l'a fournie. Le compte de cargaison sera crédité du produit de la vente et se soldera par Profits et Pertes.

(61) Fortin, de Bordeaux , qui a expédié ledit

navire à Amsterdam, à l'adresse et consignation de Heibert, a tiré pour mon compte sur ce dernier qui est chargé de vendre mes marchandises ; Fortin est ici Débiteur parce qu'il reçoit la valeur de la Traite, et Heibert est Créditeur parce qu'il est censé fournir pour moi cette valeur, puisqu'à l'échéance il doit payer le montant de cette traite.

(62) J'ai remis à Fortin, de Bordeaux, 40000 fr. en deux traites que j'ai prises au pair. Je crédite la Caisse de la somme payée, et je débite mon Correspondant de la valeur qu'il reçoit.

(63) J'ai tiré sur Heiberg, d'Amsterdam, chargé de vendre pour mon compte la cargaison du navire le Hope, j'ai négocié 18000 florins en mes traites sur ledit, dont le net produit s'élève à 40000 fr. et dont je débite Caisse qui en a reçu le montant, en créditant le Correspondant sur qui la traite se fait, parce qu'il doit en fournir la valeur.

(64) J'ai reçu de Buzanval pour compte de Delaunay, je débite la caisse de la somme reçue, et je crédite Delaunay, parce que c'est lui qui fournit cette valeur et que Buzanval agissant, pour son compte, n'est ici qu'un être passif.

(65) Heibert, d'Amsterdam, a vendu pour mon compte la cargaison du navire le Hope, dont le net produit s'élève à 45000 florins courans, faisant au change de 54 derniers de gros, 100000 francs. Je dois charger ou débiter le compte de Heibert de ladite somme, parce qu'il opère pour moi et qu'il doit recevoir pour m/c. une valeur qui m'appartient et qui est le produit de mes Marchandises. Je crédite en même temps le compte intitulé : *Cargaison du navire le Hope* ; On a vu, n°. 60, que ce compte a été débité de la valeur des marchandises chargées sur ce navire, suivant le compte d'armement ; étant ensuite crédité du produit de la vente que ledit Heibert a faite pour mon compte, il se soldera par Profits et Pertes.

(66) Delaunay, de Bordeaux, s'est prévalu pour mon compte sur Heibert, d'Amsterdam, de 6000 florins, dont le net produit monte suivant note de négociation à 13000 francs ; je débite Delaunay du produit de cette négociation , parce qu'il reçoit , et j'en crédite Heibert , parce qu'il doit fournir la valeur de la traite.

(67) J'ai tiré sur Delaunay , à l'ordre de Pinson, à 15 jours de date, à 1 p. o/o de bénéfice, je débite la Caisse de la somme reçue, je crédite Delaunay du montant de la traite sur lui, et je crédite en même tems Escompte du bénéfice à la négociation de ladite traite. Le montant de la traite est de 6500 francs, mais comme il y a 65 francs de bénéfice, la Caisse reçoit

6565 fr. produit de la négociation. Il y a donc deux Créditeurs, et je dois dire, *Caisse à Divers* &c. . . . (Voyez Journal n°. 67.) Escompte est une subdivision de Profits et Pertes et ce dernier compte sert à le solder. On débite le compte d'Escompte des pertes faites sur les négociations, et on le crédite des bénéfices obtenus en ce genre d'opération.

(68) J'ai acheté comptant, de compte à demi, avec Perrier, vingt bariques café, pesant net 16000 livres à 2 fr. la livre, je dirige l'achat, et Perrier, mon associé, dirige la vente. Dans ce cas la troisième méthode est la plus facile et la plus convenable. Pour l'achat comptant, je crédite la Caisse de la somme payée, en débitant Perrier de sa moitié à l'achat ; je débite en même tems Marchandises de compte à demi avec ledit, pour ma moitié de l'achat. Ce dernier compte me représente,

(69) Perrier, mon associé, m'envoie le compte de Vente, ledit a vendu comptant, de compte à demi, avec moi 20 bariques café, pesant net 16000 livres à 2 f. 50 c. ; je débite Perrier de ma moitié du net produit, et j'en crédite Marchandises en participation de compte à demi avec lui même ; on voit que ce dernier compte a été débité du prix coûtant pour ma moitié de l'achat, qu'il a été crédité de ma moitié du net provenu, d'où il suit qu'il ne reste plus qu'à le solder par Profits et Pertes. Le crédit excédant le débit, je dirai donc : *Marchandises, de compte à demi, avec Perrier, à Profits et Pertes*, pour solde et pour la moitié de mon bénéfice, d'après ce principe que l'on crédite ce compte pour les bénéfices et qu'on le débite pour les pertes que l'on fait.

(70) Ici mon Associé dirige l'achat et la vente. Mon Correspondant a acheté comptant, de compte à demi, avec moi, 1000 guinées à 24 fr., je débite tel son compte à demi à Lui-même, son compte courant, pour ma moitié de l'achat ; on voit que je crédite mon associé de ma moitié ; le compte qui est ici Débiteur me représente ; ce compte ayant été débité de ma part de l'achat, sera crédité de ma moitié au net produit de la vente et se soldera par Profits et Pertes.

(71) Mon Correspondant a vendu comptant de compte à demi avec moi 1000 guinées à 24 fr. 50 c. ; je débite mon Associé, son compte courant, de ma moitié au net provenu, en créditant Lui-même son compte à demi pour ma part ; ce dernier compte me représente ; je le crédite du produit de la vente et je le solderai par Profits et Pertes.

(72) *Observation.* Avant de solder et de Balancer tous les comptes du Grand-Livre, il convient de donner quelques notions préliminaires sur ce Livre.

On le nomme ainsi, parce qu'il est le plus grand volume de tous ceux dont un négociant se sert. Il doit être grand et large afin d'y pouvoir mettre chaque article dans une seule ligne. On le nomme aussi *Extrait*, parce qu'on y met par extrait tous les articles du Journal. On l'appelle encore *Livre de raison*, parce qu'il rend raison de toutes les affaires. On y forme des comptes pour chaque sujet que l'on trouve Débiteur ou Créancier au Journal, à mesure qu'il se présente, afin de porter sur ces Comptes les articles dont lesdits sujets sont Débiteurs ou Créanciers au Journal. Le Livre étant ouvert au folio où l'on veut écrire, présente deux pages l'une vis-à-vis de l'autre, c'est-à-dire, le Débit et le Crédit, pour le compte que l'on veut ouvrir. On met le nom du sujet pour qui l'on forme le Compte sur la page à main gauche, ainsi qu'il est écrit dans le Journal; le mot *doit*, qui précède ce nom, indique que l'on écrira sur cette page tous les articles que son sujet devra dans la suite. Sur la page à main droite, on met *avoir* pour désigner son crédit, où l'on porte tous les Articles dont il est Créancier par la suite. Ce que nous disons des personnes, est applicable aux choses naturelles; d'après ce principe, toute la partie Active est Débitrice et la partie Passive Créditrice.

Le Compte étant ainsi préparé, et noté sur l'alphabet, sert donc au Grand-livre pour y écrire tous les articles dont le sujet de ce compte sera Débiteur ou Créancier dans le Journal.

Lorqu'on veut rapporter un article du Journal au Grand Livre, on fait, dans la marge du Journal, devant l'Article, un petit trait de plume ou tiret formé ainsi ; —— dessus ce tiret, on met le folio du Grand-Livre, où est le compte du Débiteur. Le Débiteur précède toujours le Créditeur, parce que la cause précédant l'effet, l'Actif doit précéder le Passif. Dessous le tiret, on met le Folio du Créancier parce que le Créditeur vient toujours immédiatement après le Débiteur. (Voyez notre Journal.) Ces folio se cherchent dans l'alphabet, et se mettent ainsi, pour indiquer dans le Grand-Livre, le compte du Débiteur de l'Article, afin de le débiter, et celui du Créancier, pour le créditer. Quand l'article du Débiteur est porté au débit dans le Grand-Livre, on fait un gros point en crayon sur le Journal, après son folio, pour marquer que l'article est porté à son débit ; et après avoir porté au Crédit l'article du Créancier, on fait aussi un point après son folio, pour marquer que l'Article est porté à son crédit. On ne met qu'un tiret devant chaque Article, et on le place de manière que les Débiteurs et les Créanciers soient vis-à-vis.

Il y a deux choses à observer pour transporter les Articles du Journal au Grand-Livre, 1°. l'Arrangement des parties de l'article ; 2°. Le raisonnement qui convient à chaque Compte.

L'arrangement des Articles demande que chaque partie soit mise en la place qui lui est destinée. Ainsi pour porter un article au Débit ou au Crédit d'un compte au Grand-Livre, il faut observer cinq choses : l'Epoque, le Millésime ou l'Année se met au-dessus du texte, au milieu de la double ligne horisontale ; on le met aussi au-dessus du mois, au commencement du Compte. On écrit le mois avant les deux lignes verticales, et la date entre ces deux lignes ; 2°. dans le débit, après la date, on marque *à qui l'on débite le Compte* ; et dans le crédit, *par qui on le Crédite*. Par conséquent, la particule *à* se trouve toujours au commencement de chaque ligne du débit ; et la particule *par* au commencement de chaque ligne du Crédit ; 3°. dans la même ligne on explique le sujet, c'est-à-dire, pourquoi on le débite ou crédite ; 4°. on met le folio de rencontre, c'est-à-dire, le folio du Grand-Livre ; ainsi on indique au folio du Débiteur, celui du Créditeur, et à celui-ci, celui du premier. Néanmoins on met entre les deux colonnes un *zéro*, lorsque dans l'un ou l'autre cas, l'expression de *Divers* se présente, parce que ce mot annonce plusieurs Débiteurs ou plusieurs Créanciers qu'il seroit trop long d'annoter. On met entre les deux premières lignes verticales, le folio du Journal ; et entre les deux suivantes , on met dans le Débit le folio du Créancier, et dans le Crédit celui du Débiteur ; 5°. la somme ou le montant de l'Article se met dans les lignes restantes, destinées pour les francs et centimes.

Le raisonnement que l'on fait sur le Grand-Livre en y portant les Articles du Journal, doit être bref et net , et contenir les circonstances qui conviennent à chaque sorte de compte, pour en donner l'intelligence. Il faut écrire proprement sans traits ou grandes queues , et posément, afin de ne point se tromper. Les Titres des Comptes doivent être faits en gros caractères. Chaque Article n'aura qu'une seule ligne. Il faut avoir soin de ranger les chiffres les uns sous les autres, afin de faire les additions plus facilement. Toutes les lignes doivent être tirées à la règle. On ouvre les Comptes continûment dans le Grand-Livre, en observant la suite naturelle du Journal, c'est-à-dire , que le premier compte que le Journal indique doit être au Folio I, du Grand-Livre ; et l'on continue ainsi , successivement, ceux qui suivent dans le Journal, sans interposition , et sans laisser de feuillet en blanc. Chaque Article s'écrit au Débit d'un Compte, et en même tems au Crédit d'un autre Compte ; ainsi tous les Articles qui sont dans le Débit du Livre sont aussi dans le

R

Crédit : par conséquent le Débit du Livre en général est égal au Crédit en général ; et conséquemment la somme totale des débits doit exactement balancer la somme totale des crédits, si tout est exactement rapporté. Tel est le principe qui sert à établir la Balance de vérification. (Voyez, celle dont nous avons donné le modèle, et que nous avons placée avant le Grand-Livre. Il ne faut raturer ni croiser aucun Article sur ce dernier Livre.) Si l'on a passé un Article au débit d'un Compte qui n'y doit pas être, contre-passez-le dans le Crédit, en y mettant ces mots, *pour contrepasser tel article passé au Débit par mégarde* : portez-le ensuite où il doit être naturellement ; et si vous vous êtes trompé dans le Crédit, usez-en de même. Le Grand-Livre n'étant pas le registre authentique ; il y a des Teneurs de Livres qui se contentent de racler la somme de l'article porté par erreur, et de mettre à côté, en marge, le mot *nul* ; ainsi ils ne passent pas de contre-parties au Grand-Livre, des erreurs qui n'appartiennent qu'à ce registre et qui sont étrangères au Journal. La première méthode est vicieuse, ou moins exacte, 1°. parce qu'elle augmente le total des Débits inscrits au Grand-Livre, de la somme que l'on y a portée par erreur; 2°. parce qu'elle augmente le total des crédits de cette même somme ; d'où il suit que le total, des crédits du Grand-Livre ne peut plus être égal au montant des articles du Journal, ce qui doit être. Cette conformité sera toujours une preuve de plus, et servira à constater la vérité des Ecritures. La Balance de vérification des comptes du Grand-Livre présentant le même résultat que le Journal, on ne peut douter que la comptabilité ne soit bien établie. Pour parvenir à ce but, on additionne le montant des articles du Journal au bas de chaque folio, en transportant au haut de chacun, le résultat des folio précédens. On obtient, au bas du dernier folio, la totalité des affaires du Journal, qui est toujours conforme avec le total des débits et celui des crédits des comptes ouverts au Grand-Livre.

Pointer les livres, c'est vérifier le rapport des articles du Journal au Grand-Livre. Il y en a qui ne pointent leurs livres que lorsqu'ils veulent faire leur balance ; mais cette négligence peut entraîner de grands inconvéniens : car souvent, en pointant les livres lorsque l'on fait la balance, on découvre des erreurs ou des omissions sur des comptes qui sont soldés depuis longtems. Pour éviter ces inconvéniens il faut pointer tous les huit jours.

Dans la tenue des Livres on appelle balance, l'Etat qui présente les sommes totales des débits et crédits de chaque compte du Grand-Livre. Ce mot vient du latin *bilanx*, bassin double, balance, instrument pour peser. La balance proprement dite est dans un état de vacillation, mais en appliquant cette dénomination à notre objet figurativement, nous supposons un état d'équilibre fixe et une égalité numérique des deux côtés, une équation parfaite entre les sommes totales qui sont les résultats des totaux partiels : ainsi on dit qu'il n'y a pas balance, lorsque cette équation n'existe pas parfaitement, et quand il n'y manqueroit qu'un centime. Comme dans la partie double on doit créditer exactement les sommes que l'on débite ; ce qui se fait dans le même tems pour chaque article du Journal que l'on porte au Grand-Livre, il doit nécessairement y avoir balance entre les sommes totales des débits et crédits ; et comme, par la même raison, tout ce qui est porté à gauche du Grand-Livre est porté à droite, il résulte de là, qu'en prenant la somme de tout le côté gauche, et celle du côté droit, on obtient une balance telle que nous l'avons définie. Les anciens auteurs nommoient cette Balance *bilan en l'air*; cette expression qui a vieilli ne présentoit rien à l'esprit et n'est nullement propre à exprimer la chose. On la dénomme actuellement *Balance de vérification*, c'est-à-dire, balance faite pour vérifier si tout ce qui a été *débité* a été *crédité*, *et vice versâ* pour vérifier si tout ce qui a été crédité a été débité. D'où il suit que cette balance servant à vérifier si la somme otale des Débiteurs égale celle des Créditeurs, est bien nommée *Balance de vérification.* Noûs en avons donné une formule avant le Grand-Livre.

Lorsqu'indépendamment de l'équation de la somme totale des Débiteurs et de celle des Créditeurs la Balance fait connoître la solde de tous les Débiteurs et de tous les Créditeurs en particulier, et de toute la partie active et passive en général, les pertes, dépenses et bénéfices généraux qui résultent de toutes les opérations en particulier, et ensuite en général, du commerce du Négociant, on la nomme balance soldée. On voit que cette dernière balance est une conséquence nécessaire de la balance de vérification, et, que, par conséquent, si la première est inexacte, celle-ci doit l'être indubitablement; au contraire, si la balance de vérification est exacte, la balance soldée le sera aussi. Il y a donc dans la Balance soldée deux considérations, la première est celle qui résulte de la parité des sommes des Débiteurs et Créditeurs; la seconde, celle qui résulte des soldes de tous les comptes. Cette dernière ocnsidération nous amène à définir ce qu'on entend par solde, et à présenter le procédé dont on se sert pour solder les comptes. Dans le négoce on appelle la solde d'un compte, le reste, le reliquat de ce qui est payé ou à payer; et en considérant tous comptes comme débiteurs et créditeurs, l'excès du débit sur le crédit sera donc leur solde, il en sera de même de l'excès du crédit sur le débit. On peut solder un compte sans le balancer, mais on ne peut point le balancer sans le solder.

On distingue dans la Tenue des Livres à parties doubles le compte des personnes et des choses, c'est-à-dire, les cinq comptes généraux, Marchandises, Caisse, Lettres et Billets à payer, Lettres et Billets à recevoir, Profits et Pertes; nous avons aussi indiqué les subdivisions de ces comptes pour divers objets particuliers auxquels le négociant ouvre un compte, afin de connoître sa situation relativement à chacun de ces objets. Les comptes des particuliers sont ouverts aux correspondans avec qui l'on est en liaison d'affaires.

Les comptes abstraits sont ceux qui indiquent l'augmentation ou la diminution du Capital; par exemple, les dépenses du ménage, les frais généraux sont autant de comptes qui indiquent des diminutions du Capital, pour ce qui les concerne; les commissions et autres comptes sont encore autant de comptes qui indiquent, par leur nature, les augmentations de Capital qui sont inhérentes à leur objet: conséquemment ces comptes se soldent par profits et pertes.

Le compte de Pertes et Profits indique en particulier, et ensuite en général, les pertes et les bénéfices qui ont résulté de toutes les relations commerciales; d'où il suit que la balance de ce compte indique, en dernier résultat, ce que le négociant a gagné ou perdu au jour de sa balance, c'est-à-dire, son bénéfice net; et comme le profit ou la perte que démontre ce compte, tend à augmenter ou diminuer, il se solde par Capital, et Capital par Balance de Sortie.

Nous commençons par solder tous les comptes susceptibles de présenter des pertes et profits, ce qui, dans ce cas, suppose la balance des comptes abstraits.

Ensuite nous soldons et balançons tous les comptes susceptibles simplement de balance, comme par exemple les comptes des particuliers, les comptes particuliers et généraux des Marchandises et Effets de Commerce. On doit observer néanmoins que le compte de Capital ne se solde par Balance qu'après qu'il a été augmenté des bénéfices nets résultans de la solde du compte de Profits et Pertes que l'on solde toujours par Capital.

Le compte de Marchandises Générales ayant au débit 12400 fr., et au crédit 11400 fr., j'ajoute 2800 fr. au crédit pour les marchandises qui restent en magasin et que je porte au prix d'achat, afin de pouvoir déterminer le bénéfice sur celles qui ont été vendues; je solde ainsi ce compte par Balance de sortie, c'est-à-dire, que je le crédite par le débit de Balance de sortie; ce qui élève le crédit totale à 14200 fr.; retranchant ensuite le débit total du crédit, je trouve pour bénéfice à ce compte 1800 fr. que je porte au débit de Marchandises en créditant profits et pertes pour solde. (Voyez le Grand-Livre, fol. 1.)

Le débit du compte d'Escompte étant de 200 fr. ; et le crédit de 265 fr. l'excédant du crédit sur le débit est 65 fr. qui exprime notre bénéfice net par escompte ; ce compte se soldant par profits et pertes, je débite Escompte en créditant profits et pertes pour solde. Le débit représente nos pertes par escompte, et le crédit nos bénéfices ; lorsque ce dernier surpasse le débit, cet excédant représente nos bénéfices nets en ce genre d'opération. (Voyez le Grand-Livre, fol. 2.)

Nous trouvons au débit du compte de commission fol. 2, du Grand-Livre, 31680 fr., et au crédit 32320 fr. l'excédant du crédit sur le débit est de 640 fr. qui représente nos bénéfices par commission. (Voyez méthode théorique, n°. 59.)

Le Compte de Change a été débité du prix total de l'achat des Lettres de Change, et crédité du produit total par la Vente ou la Négociation ; ce compte étant susceptible de profits et pertes, je le solde par ce dernier. Le débit total monte à 7680 fr. et le crédit à 8500 fr. ; le produit total surpassant le coût total, l'excédant nous indique le bénéfice à ce compte. Pour le solder, je le débite en créditant profits et pertes de cet excédant. (Voyez Grand-Livre, fol. 3.)

Le compte de Sucre est débité du prix d'achat montant à 52500 fr. et crédité du produit par la vente montant à 40000 fr. Je porte encore au crédit de ce compte

15000 fr. pour la partie non vendue, estimée à prix d'achat, c'est-à-dire, pour ce qui reste au magasin, ce qui élève le crédit total à 55000 fr., dont retranchant le débit ou le coût total montant à 52500 fr. ; on a pour excédant 2500 fr. qui représente le bénéfice sur la partie vendue. Je débite Sucre par le crédit de Profits et Pertes pour solde, du montant de cet excédant. (Voyez Grand-Livre fol. 4.)

Nous trouvons au débit du compte de Vins, Grand-Livre fol. 4, 11600 fr. et au crédit 12300 fr. l'excédant du crédit sur le débit est de 700 fr. qui représente le bénéfice sur les vins ; j'en débite vins à profits et pertes pour solde. Le débit 11600 fr. représente le coût total et le crédit 12300 fr. indique le produit total par les ventes. Si le débit surpassoit le crédit, cet excédant indiqueroit la perte que l'on auroit faite. Ici nous avons un bénéfice de 700 fr. dont nous créditons profits et pertes, et nous portons ce résultat au débit de vins pour balancer ce compte.

Le compte de Café, Grand-Livre fol 5, présente 40000 fr. au débit et 36000 fr. au crédit, je porte encore au crédit de ce compte 16000 fr. pour ce qui reste en magasin, estimé au prix d'achat ; le crédit total étant alors de 52000 fr. et le débit de 40000 fr., on trouve pour excédant et pour bénéfice 12000 fr. que je porte au débit de Café en créditant profits et pertes pour solde.

Le compte d'Effets à la Grosse, Grand-Livre fol. 6, présente 5000 fr. de bénéfice pour excédant de crédit, dont je débite ce compte en créditant profits et pertes. Effet à la Grosse a été débité de ce que j'ai déboursé, et je l'ai crédité du produit, c'est-à-dire de la somme reçue pour Capital et intérêts. L'excédant du crédit doit donc indiquer mon bénéfice.

Cargaison du navire le Hope. — Ce compte a été ouvert pour les marchandises chargées sur le navire le Hope, pour mon compte, il a été débité du coût total et crédité du produit de la vente, l'excédant du crédit sur le débit est de 20000 fr. que je porte au débit du compte de cargaison en créditant Profits et Pertes. (Voyez Grand-Livres fol. 7.)

Auger son compte à demi, Grand-Livre fol 7. — C'est ici un compte en participation ; mon associé est directeur de l'achat et de la vente. Lorsqu'il me donne avis de l'achat qu'il a fait de compte à demi avec moi, je le crédite lui-même son compte courant en débitant le compte à demi de ma part de l'achat. Lorsqu'il a fait la vente, je le débite par le crédit du compte à demi, pour ma moitié du net produit ; il suit de ce principe que ce dernier compte étant débité de ma part de l'achat, et crédité de ma part au net provenu, l'excédant du crédit sur le débit indiquera mon bénéfice, qui est ici de 500 fr., et que je porte au débit de ce compte en créditant Profits et Pertes pour solde.

Le compte de Laine, Grand-Livre fol. 7, présente un bénéfice de 2400 fr. pour excédant du crédit sur le débit, que je porte au débit de Laine en créditant Profits et Pertes.

Duperron, de Bordeaux, mon compte, Grand-Livre fol. 6. (Voyez méthode théorique n° 43 et 57.) J'ai débité marchandises entre les mains de mon Correspondant du prix d'achat, et j'ai crédité ce compte du produit de la vente qu'il a faite pour mon compte. L'excédant du crédit sur le débit est ici de 5000 fr. dont je crédite profits et pertes pour solde, en le portant au débit dudit compte de Marchandises.

On voit que nous venons de débiter divers comptes en créditant profits et pertes pour solde. Pour en passer écriture au Journal en un seul article, nous disons : Divers à Profits et Pertes, &c. (Voyez Journal fol. 11, n° 72.) Passant ensuite les écritures du Journal au Grand-Livre, je crédite profits et pertes par divers de la somme de 53925 fr. J'ai porté au débit de chaque compte indiqué ci-dessus l'excédant du crédit, afin de les solder au Grand-Livre. C'est ainsi que j'ai obtenu la balance des comptes susceptibles de bénéfice. J'ai donc présenté dans le n° 72, l'état des profits que j'ai faits cette année.

(73) Ici je présente un état des pertes de cette année sur les comptes susceptibles de profits ou de pertes.

Le débit des assurances monte à 20000 fr. et le crédit à 2000 fr. Le débit de ce compte représente nos pertes pour les sommes que nous devons rembourser ; le crédit représente nos bénéfices pour les primes que nous recevons. L'excédant du débit sur le crédit est ici de 18000 fr. dont je débite profits et pertes en créditant assurances pour perte nette et pour solde. (Voyez Grand-Livre fol. 3.)

Le compte de Dépenses Générales Grand-Livre fol. 3, porte à son débit 1200 fr. et rien à son crédit. Pour solder ce compte je crédite Dépenses par le débit de Profits et Pertes de la somme de 1200 fr. pour ce genre de perte provenant des dépenses générales.

Le compte de Dépenses domestiques, Grand-Livre fol. 3, porte à son débit 3400 fr. et rien au crédit. Je solde ce compte en le créditant par le débit de profits et pertes, pour notre perte, par les dépenses domestiques.

Passant écriture au Journal pour mes pertes diverses, je dis en un seul article : Profits et Pertes à divers, &c. Je porte cet article au Grand-Livre au débit du compte de profits et pertes et au crédit d'assurances, de dépenses générales, de dépenses domestiques, ce qui solde chacun de ces comptes au Grand-Livre.

(74) Pour solder le compte de profits et pertes, je retranche le débit du crédit. Le débit monte à 22600 fr., et le crédit à 61800 fr.; l'excédant du crédit sur le débit est de 39200 fr., que je porte au débit de profits et pertes pour mon bénéfice net et pour solde, et dont je crédite Capital. Ce dernier compte se trouve augmenté de 39200 fr.; mon Capital net étoit :

En commençant mes affaires	198200 fr.
L'augmentation de Capital	39200 fr.
Mon nouveau Capital net, s'élève donc à	237400 fr.

Dont je débite Capital par le crédit de Balance de sortie pour solde. C'est ainsi que l'on balance le compte de Capital. (Voyez Grand-Livre f°. 4; ce dernier compte et celui de profits et pertes f°. 2.)

(75) Pour solder et balancer tous les comptes susceptibles simplement de Balance, comme, par exemple, les comptes des particuliers, les comptes particuliers et généraux de marchandises et effets de commerce, il suffit de consulter la Balance de vérification qui a été faite d'après les additions du Grand-Livre. En comparant le débit et le crédit de chaque compte, si le débit est plus faible, on le retranche du crédit, si au contraire le crédit est moindre,

on le soustrait du débit, et l'excédant, dans ces deux cas, se porte au débit ou au crédit de Balance de sortie.

On trouve d'abord sous le n°. 75, tous les comptes dont le débit excède le crédit. J'ai porté cet excédant de débit au crédit de chacun de ces comptes au Grand-Livre, en débitant Balance de sortie pour solde ; et j'ai dit au Journal : *Balance de sortie à divers*, &c.

J'ouvre un compte à Balance de sortie au Grand-Livre, le débit de ce compte représente mon actif, ce que je possède en argent, en marchandises en magasin, en effets à recevoir, en dettes actives pour ce qui me reste dû par divers.

Pour la Caisse retranchant le crédit du débit ; l'excédant de débit représente ce qui reste en Caisse, et je dois y trouver somme pareille ; autrement il y auroit erreur et il faudroit la chercher.

Lorsqu'il reste des marchandises en magasin, je crédite le compte des marchandises par le débit de Balance de sortie de la valeur de celles qui restent, ensuite je solde ce compte par profits et pertes. C'est ainsi que nous avons opéré pour les comptes suivans, Marchandises générales, Sucre, Café.

Les comptes des particuliers qui sont restés Débiteurs, sont : Leblanc, Godson, Fournier, Ernest, Leblond, Couton, Durand, Duperron, Perrier, Roger, Heibert, Auger; je les ai crédités pour solde de l'excédant de leur débit sur leur crédit, et en même tems j'en ai débité Balance de Sortie.

L'excédant du débit de Lettres à recevoir, représente les effets restants en porte-feuille qui ne sont pas encore échus.

(76) Sous le n°. 76, on trouve tous les comptes dont le crédit excède le débit. J'ai porté cet excédant de crédit au débit de chacun de ces comptes au Grand-Livre, en créditant Balance de sortie pour solde, et j'ai dit au Journal : *Divers à Balance de sortie*, &c.

Le crédit de Balance de sortie représente mon passif ou ce que je dois, soit à divers pour l'excédant de leur crédit, soit pour le montant des effets à payer qui sont encore en circulation, et qui parconséquent me restent à acquitter.

On doit observer que mon Capital net joint aux dettes passives égale le total de mon actif.

Le Capital net est de	237400 fr.
Le total des dettes passives est de . .	71780
Somme égale au total de l'actif . . .	309180 fr.

(77) La Balance générale étant faite, le Teneur de Livres peut en présenter le résultat au négociant sous la forme d'un inventaire. (Voyez le modèle que j'en ai donné au Brouillard, n°. 77.)

La balance de sortie étant bien faite, et le négociant connoissant les résultats exacts de tous les comptes qui ont été soldés, enfin l'état général de tout ce qu'il posséde et de tout ce qu'il doit, il ne reste plus qu'à ouvrir sur les nouveaux livres, par le moyen du compte de Balance d'entrée, tous les comptes que l'on a soldé par celui de Balance de sortie.

On peut se faire une idée exacte de l'emploi du compte de Balance de sortie en le considérant comme celui d'un être imaginaire, à qui tous les débiteurs du négociant payent ce qu'ils lui doivent pour solde, à qui tous les effets de ce négociant ont été vendus, qui est supposé avoir payé tout ce que le négociant doit à ses créanciers, tous les billets à payer encore en circulation, et avoir donné au négociant lui-même le montant de son Capital.

Ce compte sert à balancer tous les autres, dont il indique les résultats particuliers ou la solde tant à son débit qu'à son crédit. On les ouvre ensuite de nouveau sur les Livres par Balance d'entrée.

Le compte de Balance d'entrée n'a donc été établi, que pour servir à ouvrir de nouveau sur les livres, tous les comptes déjà soldés par celui de Balance de sortie qui réunit tous leurs résultats ou les reliquats particuliers de chacun pour solde. La Balance d'entrée est donc une suite de la Balance de sortie.

Pour ouvrir tous les comptes dans leur ordre naturel par le moyen du compte de Balance d'entrée, il faut débiter 1°. les divers débiteurs, chacun de la somme qu'il doit au négociant pour solde; il faut également débiter les Billets à recevoir, la Caisse, les Marchandises générales, &c. du montant de ce que le négociant possède de chacun de ces objets, et créditer en même tems Balance d'entrée du tout.

2°. Il faut débiter la Balance d'entrée de tout ce que le Négociant doit à chacun de ses Créanciers, pour solde, on les en crédite en même tems; il faut encore débiter la dite balance de tous les Lettres et Billets à payer qui sont en circulation et du montant du Capital de ce même négociant, on crédite en même tems le compte de Lettres et Billets à payer et celui de Capital.

On peut remarquer que la Balance de sortie est l'inverse de la Balance d'entrée, sous ce rapport que les comptes qui étoient restés Débiteurs, on les a crédités pour solde en débitant Balance de sortie; dans les nouveaux Livres, pour les rétablir dans leur état naturel, on les débite en créditant Balance d'entrée. Quant à ceux qui étoient restés créanciers dans les anciens Livres, on les a débités pour solde en créditant Balance de sortie ; dans les nouveaux Livres, on les rétablit dans leur état naturel en les créditant par le débit de Balance d'entrée ; de sorte que le débit de Balance de sortie représentant tout l'actif du négociant et son crédit le passif et le Capital net du négociant, la Balance d'entrée au contraire indique à son débit le passif et le capital net, et à son crédit tout l'actif du négociant.

Ma Méthode théorique et pratique démontrant la manière de passer les articles du Brouillard au Journal, chaque article de cette méthode ayant un numéro correspondant à celui du Brouillard et du Journal, on peut s'exercer seul et apprendre sans maître ; le raisonnement que je fais pour chaque opération commerciale est propre à former le jugement et l'intelligence.

Pour exercice et pour s'assûrer que l'on conçoit bien les principes de la Tenue des Livres à parties doubles, il faudra chercher les Débiteurs et les Créanciers de chaque article du Brouillard. On trouvera dans la méthode aux numéros correspondans l'explication de chaque opération.

Lorsqu'on sera capable de trouver ainsi les Débiteurs et les Créanciers, on pourra se croire suffisamment instruit, surtout si l'on rend bien compte des motifs ou des raisons qui déterminent le débit et le crédit.

J'ai indiqué la maniére de commencer et de finir les

livres, d'établir un Inventaire, de faire la Balance de tous les Comptes. J'ai fait l'application des principes aux divers cas ou aux diverses opérations du Commerce et de la Banque, et je les ai démontrés par le raisonnement.

Je suis entré dans le plus grand détail, en expliquant le Journal, c'est-à-dire, en indiquant la manière de l'établir, afin de mettre mon ouvrage à la portée de tous.

La Balance de sortie et la Balance d'entrée ont été bien démontrées et décrites avec clarté et précision.

Cette méthode sera donc très-utile à ceux qui désirent acquérir une connoissance parfaite des principes généraux de la Tenue des Livres à parties doubles.

TABLE GÉNÉRALE.

NOTIONS PRÉLIMINAIRES ; nécessité de tenir les affaires dans le plus grand ordre ; des Comptes propres à faire connoître la situation du Négociant. — Trois sortes de Sujets, 1°. le Chef ; 2°. les Effets en nature ; 3°. les Correspondants. — Division en trois classes : la première composée des comptes du Chef ; Capital, Profits et Pertes, Dépenses, Provisions, Assurances. — 2°. classe ; Comptes des Effets réels ; Argent comptant, Marchandises, Effets en papier, Effets particuliers. — 3°. classe ; Comptes des Correspondants, Compte commun, Compte courant pour leurs affaires, pour nos affaires particulières, ou pour celles en société. — Les Comptes s'appliquent à trois sortes d'affaires, à la Banque, aux Marchandises, aux Finances, pour soi-même, pour compte d'autrui, ou en Société. — Trois sortes d'actions, recevoir, fournir, changer. — Trois sortes de négociations, acheter, vendre, échanger. — Trois sortes d'effets employés pour les négociations, l'Argent, les Marchandises, les papiers de crédit. — Trois manières de négocier, au comptant, à terme, ou en échange. — Connoissances que l'on peut tirer des comptes formés pour trois sortes de sujets — Trois choses considérées dans chaque Compte, le sujet, le débit, le crédit. — Trois manières de finir les Comptes, avec profit, avec perte, ou sans profit ni perte. — Principe général pour trouver le Débiteur et le Créditeur de chaque article de la partie double, ou la cause et l'effet. — Principe appliqué aux personnes et aux choses, — Entrée et sortie des Effets en nature. — Propositions diverses pour l'application et la démonstration des Principes, *Page* . . 1

Brouillard ou propositions, opérations diverses. 5

Inventaire ou Bilan général. 11

Journal à parties doubles 15

Balance de Vérification 28

Répertoire du Grand-Livre. 29

Grand-Livre à parties doubles. 32

Méthode théorique et pratique, observations, démonstrations et applications des principes. . 85

Table analytique des affaires ou opérations de Commerce, et de Banque, représentées par chaque numéro.

Nota. Chaque article du Brouillard portant le même numéro au Journal et dans la Méthode théorique et pratique, cette Table servira à faciliter les recherches et l'instruction relative à la Tenue des Livres en parties doubles.

On pourra, d'après cette table, consulter sous le même numéro le Brouillard, le Journal et la Méthode, et s'exercer à passer les Ecritures.

(1) Manière de dresser un Inventaire. — Du Compte de Capital. — De l'Actif et du Passif du Négociant. — Des objets abstraits; des Comptes de Commission, Frais généraux, Dépenses, Provisions, Assurances, Profits et Pertes. — Comptes qui concernent individuellement le Négociant. — Moyen commercial primitif. — Axiome et principe général. — Définition de la Tenue des Livres. — Trois Livres principaux, 1°. le Brouillard; 2°. le Journal; 3°. le Grand-Livre. — Des Livres auxiliaires. — Deux méthodes pour tenir le Mémorial. — Maximes pour trouver le Débiteur et le Créancier. — Principes pour former les articles dans le Journal. — Règles générales. — Formule. — Entrée et Sortie des Effets. — Argent comptant; Marchandises et Papiers de crédit. — Lettres et Billets de Change. — Balance de l'Actif et du Passif. — Capital net.

(2) Achat comptant.

(3) Achat à terme.

(4) Vente au comptant,

(5) Vente à terme.

(6) Recevoir de l'argent.

(7) Reçu de l'argent de quelqu'un pour compte d'un autre.

(8) J'ai compté de l'argent.

(9) Compter de l'argent à quelqu'un pour compte d'un autre.

(10) Mon Correspondant reçoit de l'argent d'un autre, qui lui paye une somme pour mon compte.

(11) Mon Correspondant qui me devoit, paye pour mon compte à un autre.

(12) Idem.

(13) Des Actions pour les Traites et Remises. — 1ère, action ; je tire sur mon Correspondant pour mon compte.

(14) 2e. Action ; je tire sur mon Correspondant pour compte d'un autre.

(15) 3e. Action ; mon Correspondant tire sur moi, pour son compte.

(16) 4e. Action ; mon Correspondant tire sur moi, pour compte d'un autre.

(17) 5e. Action ; je fais une Remise à mon Correspondant, pour mon compte.

(18) 6e. Action ; je fais une Remise à mon Correspondant, pour compte d'un autre.

(19) 7e. Action ; mon Correspondant me fait une Remise pour son propre compte.

(20) 8ᵉ. Action ; mon Correspondant me fait une Remise pour le compte d'un autre.

(21) J'achète moitié comptant et moitié en mon effet à Usance.

(22) Vendre de la Marchandise à quelqu'un, payable un tiers comptant et les deux tiers en son effet à Usance.

(23) Vendu comptant des Marchandises portées dans l'inventaire.

(24) Encaisser le montant d'une Remise.

(25) J'acquitte un Effet à payer.

(26) Reçu le montant d'une Remise.

(27) (28) Mes Effets à payer me rentrent, je les acquitte.

(29) (30) J'encaisse le montant de deux Effets à recevoir.

(31) Acheté comptant diverses Marchandises.

(32) Vendu comptant diverses Marchandises.

(33) Acheté diverses Marchandises, moitié comptant, moitié à trois mois.

(34) Escompté un effet.—Comptes qui sont des subdivisions de celui de Profits et Pertes : 1°. Frais Généraux; 2°. Dépenses ; 3°. Assurances ; 4°. Commissions ; 5°. Intérêts ; 6°. Change , Escompte , Jeu , Rentes ; 7°. Succession.

(35) Négocié un Effet.

(36) Reçu pour prime d'assurance au montant des Marchandises que j'avois assurées.

(37) J'ai pris une Lettre de Change sur une place étrangère.

(38) Compté pour Frais et Dépenses.

(39) Compté pour Frais de Ménage.

(40) Mon Correspondant a négocié ma Lettre de Change sur l'étranger.

(41) J'ai donné une Somme à la grosse aventure.

(42) Compté une Somme que j'avois assurée pour Marchandises.

(43) Mon Correspondant achète pour mon compte des Marchandises.

(44) Des Comptes en participation. Je suis Directeur de l'achat et de la vente.—1ère. Méthode ; Marchandises achetées comptant , de compte à demi.

(45) Marchandises vendues comptant , idem. — Manière de solder.

(46) Je dirige l'Achat et la Vente.— 2e. Méthode ; Marchandises en participation. — Achat comptant de compte à demi.

(47) Vendu comptant idem. — Solde

(48) Dans cet article passé, par la 3e. Méthode, je dirige l'Achat et la Vente.—J'achète comptant de compte à tiers.

(49) J'ai reçu de chaque Associé le tiers de l'Achat.

(50) Vendu comptant de compte à tiers. — Solde.

(51) J'ai compté à chaque Associé leur tiers au net provenu.

(52) 4e. Méthode; Directeur de l'achat et de la vente, j'achète comptant de compte à quart.

(53) J'ai reçu de chaque Associé leur quart de l'achat.

(54) J'ai vendu comptant, de compte à quart, diverses Marchandises. — Solde.

(55) J'ai compté à chaque Associé leur quart au net provenu.

(56) J'ai reçu le Capital et les Intérêts d'une somme donnée à la grosse aventure. — Solde.

(57) Mon Correspondant a vendu pour mon compte des Marchandises, et m'envoie le compte de la vente qu'il a faite pour moi. — Solde.

(58) J'ai vendu comptant, des Marchandises par Commission, c'est-à-dire, pour compte de mon Correspondant — 1re. Méthode. —2e. Méthode — Solde.

(59) J'ai acheté comptant des Marchandises par Commission, c'est-à-dire, pour compte de mon Correspondant. — 1ère. Méthode. — 2e. Methode. — Solde.

(60) Mon correspondant a expédié, pour mon compte, un Navire, chargé de Marchandises ; compte de Cargaison de tel Navire ; manière de le solder.

(61) Mon Correspondant qui a expédié le Navire, à l'adresse d'un autre Négociant, tire sur ce dernier pour mon compte.

(62) J'ai remis à mon Correspondant deux lettres de change prises au pair.

(63) J'ai tiré sur le Négociant étranger, chargé de vendre pour mon compte, la Cargaison du Navire.

(64) J'ai reçu une somme de quelqu'un pour compte d'un autre.

(65) Le Négociant étranger a vendu pour mon compte la Cargaison du Navire et m'envoie le compte de vente. — Manière de solder le compte de Cargaison.

(66) Un de mes Correspondants a tiré pour m / c. sur le Négociant chargé de vendre la Cargaison du Navire.

(67) J'ai tiré sur ledit Correspondant à 1 p. 0/0 bénéfice.

(68) J'ai acheté comptant vingt bariques Café, de compte à demi. Je dirige l'achat et mon Associé la vente. — 3e. Méthode.

(69) Mon Associé m'envoie le compte de vente. — Manière de solder le Compte de Marchandises en participation.

(70) Mon Associé dirige l'achat et la vente. Achat de compte à demi. Manière de solder.

(71) Mon Correspondant a vendu comptant de compte à demi. — Solde par Profits et Pertes.

(72) Observations sur le Grand-Livre. — Extrait du Journal. — Livre de Raison. — Comptes ouverts pour chaque sujet que l'on trouve Débiteur ou Créancier au Journal. — Du débit et du crédit au Grand-Livre. — Alphabet ou Répertoire. — Manière de rapporter du Journal au Grand-Livre. — Arrangement des parties de chaque article, raisonnement. — Des erreurs ou omissions au Grand-Livre. — Totalité des affaires du Journal conforme avec le total des débits et celui des crédits des Comptes ouverts au Grand-Livre. — Pointer les Livres — Balance de vérification. — Balance soldée. — Des cinq Comptes généraux. — Solde pour bénéfices, Comptes de Profits et Pertes, de Capital, de Marchandises générales, d'Escompte, de Commission, de Change, de Sucre, de Vins, de Café, d'Effets à la Grosse, Cargaison, Auger, son compte à demi, Laine, Duperron, de Bordeaux, mon compte.

(73) Solde pour pertes, Assurances, Dépenses générales, Dépenses domestiques.

(74) Solde du Compte de Profits et Pertes. — Augmentation de Capital. — Nouveau Capital net.

(75) Solde des Comptes par Balance de sortie. — Comptes dont le Débit excède le Crédit. — Actif du Négociant.

(76) Comptes dont le Crédit excède le Débit. — Passif du Négociant.

(77) Résultat de la Balance, Inventaire.

Balance d'entrée. — Nouveaux Comptes ou nouveaux Livres. — Conclusion.

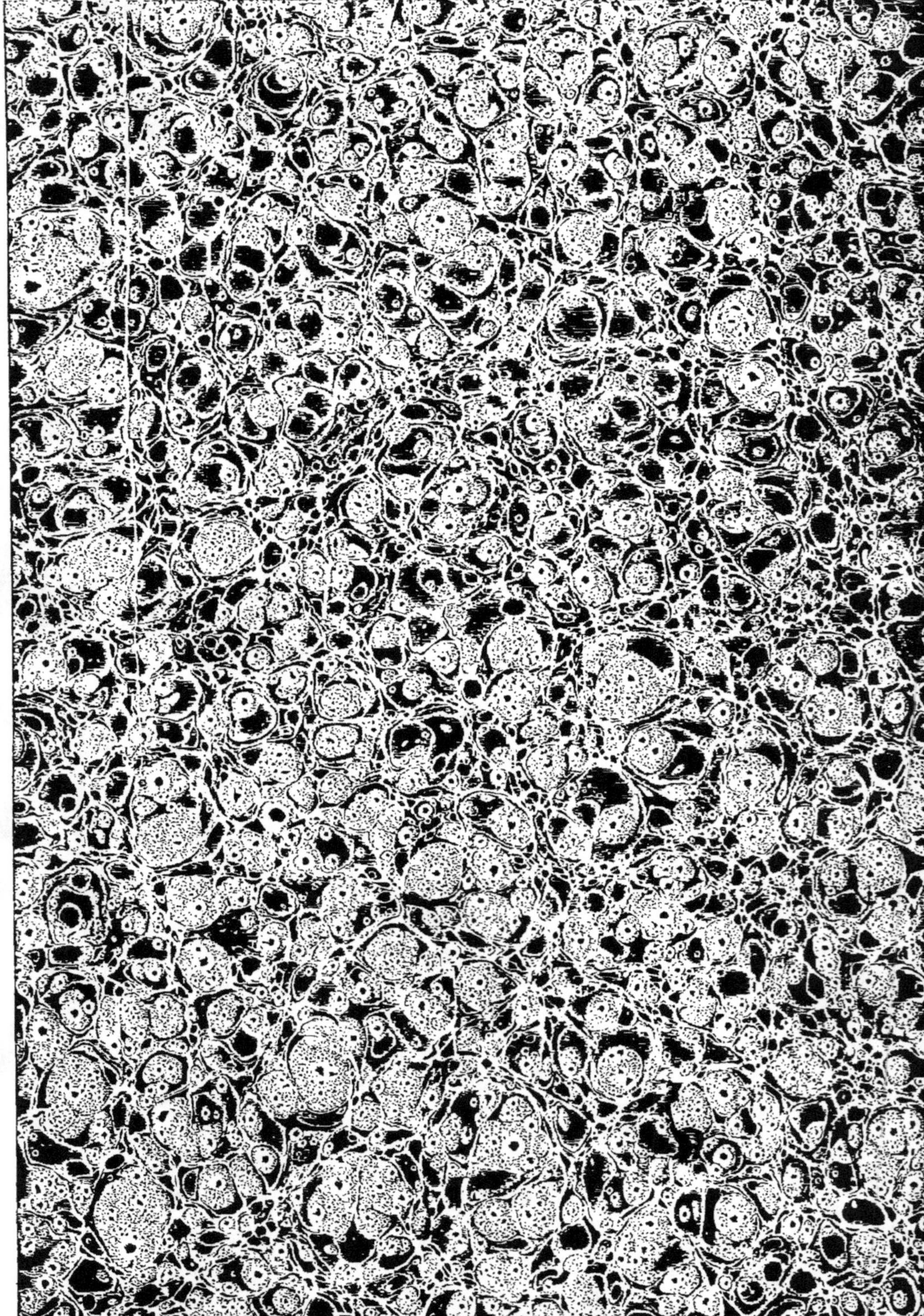

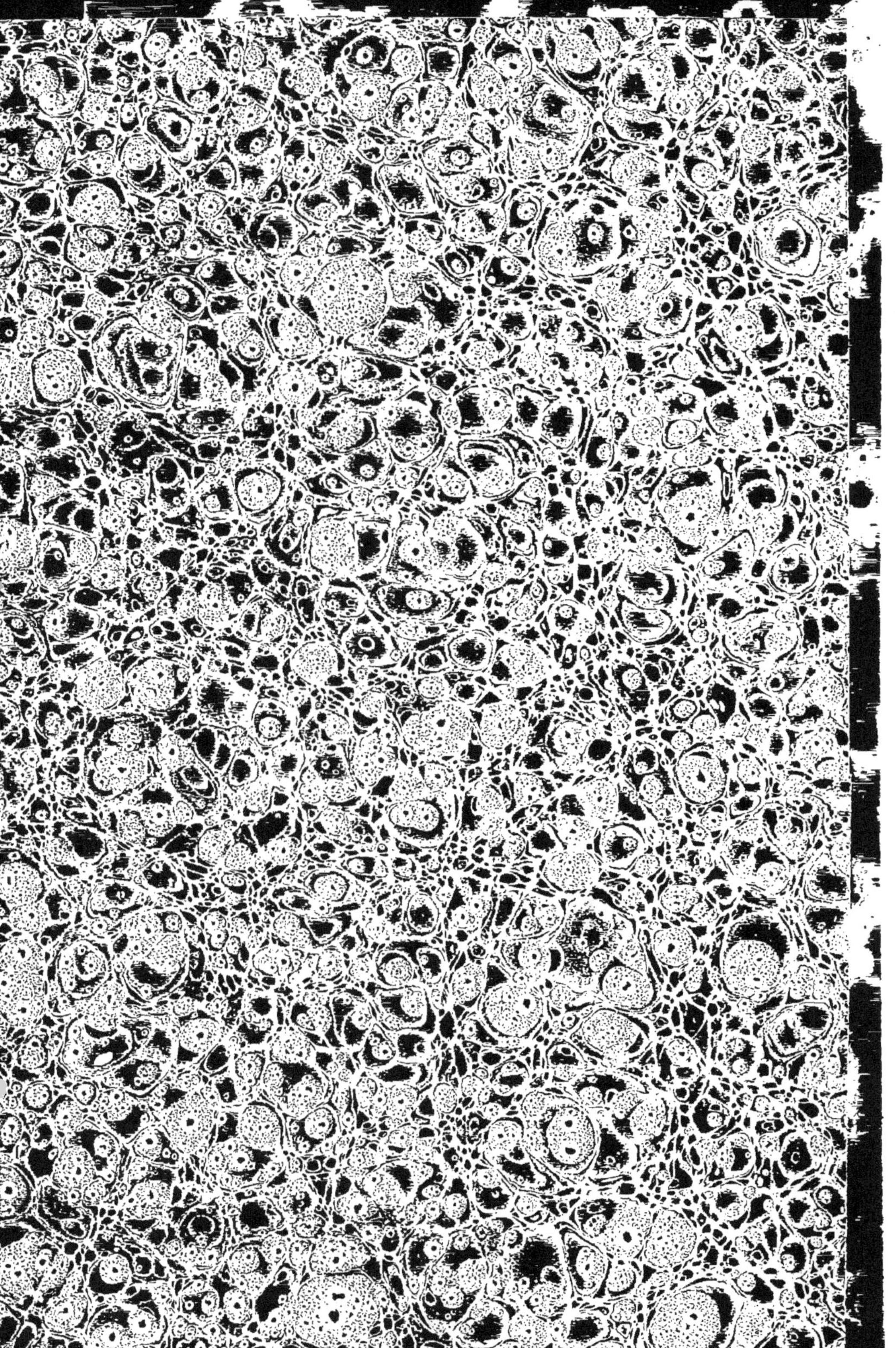

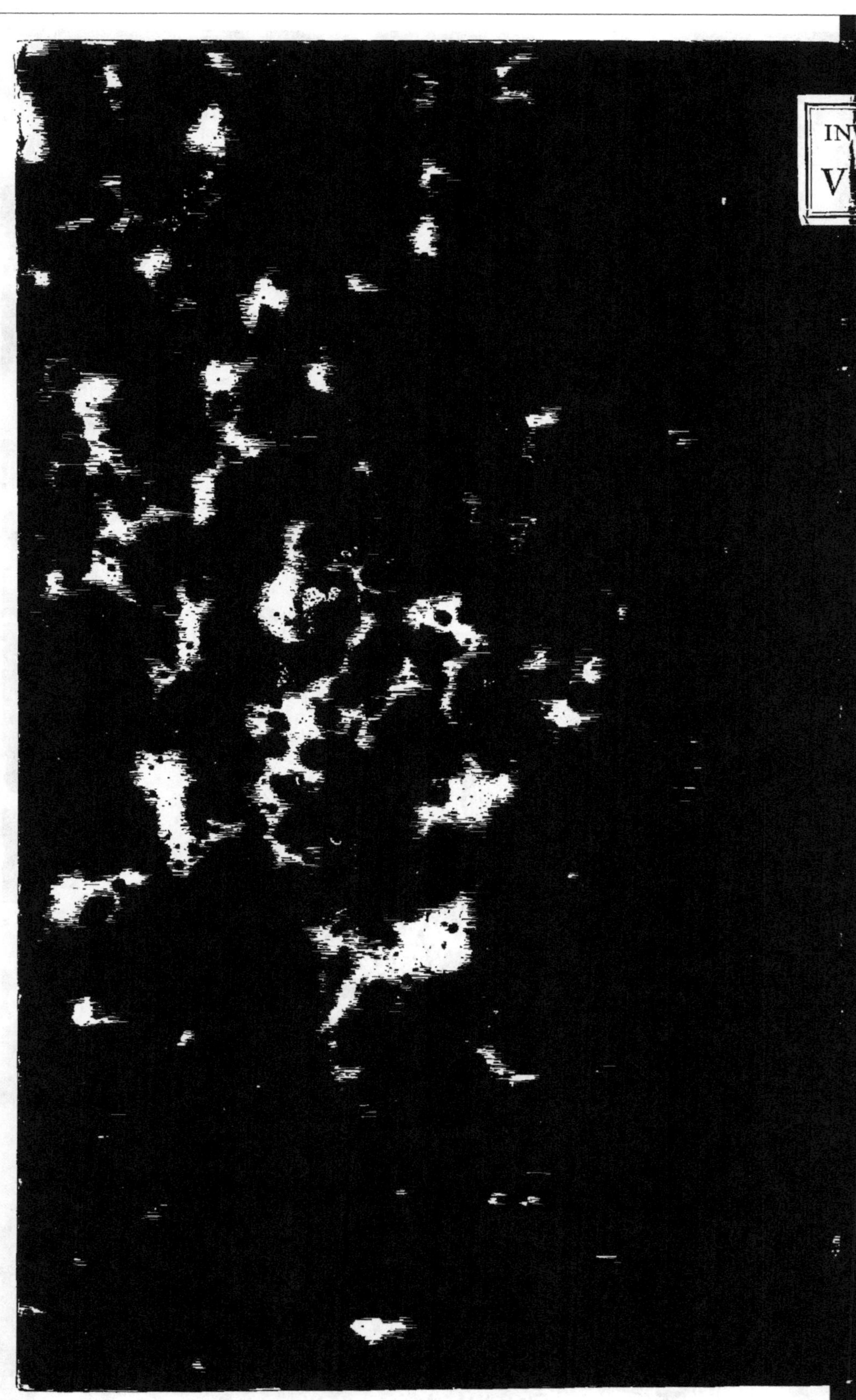

www.ingramcontent.com/pod-product-compliance
Lightning Source LLC
Chambersburg PA
CBHW050112210326
41519CB00015BA/3934

* 9 7 8 2 0 1 9 5 7 3 2 5 6 *